高等院校艺术设计类专业
案例式规划教材

景观小品设计

■ 主 编 唐 茜 康琳英 乔春梅
■ 副主编 郭媛媛

U0370359

华中科技大学出版社
http://www.hustp.com

内容提要

　　本书从景观小品的定义出发，结合景观小品的发展历程和设计过程，联系其设计要素，详细讲解了构筑小品、自然景致、景观家具、景观设施等的设计，理论与实践结合，以循序渐进的方式向读者表述本书内容，让读者对景观小品设计有全新的认识。本书分为六章，内附大量图片，并列出了优秀的景观小品设计案例。本书可作为高等院校园林景观专业、环境设计专业、建筑设计专业及相关培训机构的专业性教材，也可作为相关从业人员及兴趣爱好者的参考书。

图书在版编目 (CIP) 数据

景观小品设计 / 唐茜，康琳英，乔春梅 主编.—武汉：华中科技大学出版社，2017.9（2022.2 重印）
高等院校艺术设计类专业案例式规划教材
ISBN 978-7-5680-3304-6

Ⅰ.①景…　Ⅱ.① 唐 …　②康 …　③乔…Ⅲ.①园林小品－园林设计－高等学校－教材　Ⅳ.① TU986.48

中国版本图书馆 CIP 数据核字（2017）第 191992 号

景观小品设计
Jingguan Xiaopin Sheji

唐 茜　康琳英　乔春梅　主编

策划编辑：金　　紫

责任编辑：简晓思

装帧设计：原色设计

责任校对：何　　欢

责任监印：朱　　玢

出版发行：华中科技大学出版社（中国·武汉）　　　电话：（027）81321913
　　　　　武汉市东湖新技术开发区华工科技园　　　邮编：430223

录　　排：原色设计

印　　刷：湖北新华印务有限公司

开　　本：880mm×1194mm　1/16

印　　张：7.5

字　　数：164 千字

版　　次：2022 年 2 月第 1 版第 3 次印刷

定　　价：46.80 元

华中出版

前言
Preface

  随着社会的进步和经济的发展，人们越来越重视人居环境和可持续发展问题。景观小品作为景观环境的重要组成部分，不仅与我们的生活、工作、学习息息相关，也集中反映了城市环境中的文化、经济、技术、科技、美学的发展。景观小品设计作为一门综合性交叉学科，包含了诸多领域知识内容的设计。当代景观小品拥有多种类型，包括景观构筑小品、景观雕塑、水景设施、城市设施、绿化小品等，彼此相互结合、相互联系、相互影响，在设计中组成一个体系来展现景观环境的特色，体现着一个城市的风貌和特色，是城市文化底蕴和精神文明的物质载体。

  景观小品是一个多重的反射体，它映射了环境中道德、美学、政治、经济、文化和社会的状况，是一个汇集了现今社会环境质量和环境艺术的挑战性领域，而这些问题会在大众分享的公众空间里找到解决的方法。例如：公园里的一个长椅，这是一个产自中国园林设施生产厂的普通长椅，再看看公园里的其他长椅，发现它们都是由不同厂商大规模生产的，但它们看上去并没有什么不同，这些长椅和这个地方也没有太多联系。随着时间的流逝，城市景观小品所具有的统一风格经常由于各种因素而丧失，或许因为基地、使用功能和安全规范的演变而不再适用、损坏和陈旧，使得城市空间看来像是各种异质元素附加叠聚的结果，不再具有任何意义。在此背景下，我们需要对设计师和人们关注的重要内容——景观小品设计，进行新的观察和思考。所以，系统、全面地学习景观小品设计，成为高等院校环境艺术设计教学的重点课程之一。

  本书系统地归纳和讲解了构筑物小品、家具设计、景观设施与小品等，致力于创造力、灵感直觉以及图解表达等美学与技术的结合，结合景观小品以及景观规划项目的整个运作过程来设计，使理论与实践相结合，图文并茂、通俗易通。本书的结构与内容，有利于教师突出教学重点，更有利于培养学生的自学能力，符合景观设计专业对应用型人才的培养要求。此外，本书每章内容的开始通过"章节导读"模块，使本章学习的目的更明确，且每章的"思考与练习"均以书本知识为依据，满足学生掌握知识的实战性和实效性；在正文中补充了"小贴士"和"小知识"，扩宽学生的知识面。本书可作为高等院校园林景观专业、环境设计专业、建筑设计专业及高职高专院校和相关培训机构的专业性教材，也可作为相关从业人员及兴趣爱好者的阅读参考书。

本书由唐茜、康琳英、乔春梅担任主编，沈阳工学院郭媛媛担任副主编。具体编写分工为：第一章、第二章由唐茜编写，第三章第一节、第二节以及第四章由康琳英编写，第三章第三节、第四节、第五节以及第五章第一节、第二节、第三节由乔春梅编写，第五章第四节、第五节、第六节以及第六章由郭媛媛编写。本书在编写时还得到了王欣、黄溜、李昊燊、李星雨、张达、张慧娟、王江泽、刘婕、万阳、童蒙、董道正、胡江涵、雷叶舟、廖志恒的帮助，在此表示感谢。

编　者

目录
Contents

第一章
景观小品概述

学习难度：★ ★ ★ ☆ ☆

重点概念：定义　分类　作用　设计原则

章节
导读

景观小品作为一门公共空间的景观艺术，涉及建筑、园林、道路、广场（图1-1）等环境因素。成熟的景观小品设计能融入周围的自然环境与人文环境之中，能够彰显地域文化，它既是一个国家文化的标志和象征，也是一个国家各民族文化积累的产物。本章将通过景观小品的定义、分类、作用及原则四个方面来认识多元化的景观小品设计。

图1-1　广场景观

图 1-2　景观小品（一）

图 1-3　景观小品（二）

图 1-4　景观小品（三）

图 1-5　景观小品（四）

第一节
景观小品的定义

景观小品泛指园林景观中常见的小型构筑物，也被称为园林建筑小品（图 1-2～图 1-5）。"小品"一词最初来源于佛经的略本，它起始于晋代，"释氏《辨空经》有详者焉，有略者焉。详者为大品，略者为小品。"这句话明确指出了小品是由各元素简练构成的事物，具有小巧精致的特征。

如今，随着时间的推移与经济、科学技术的发展，社会价值已经发生变化，生活便利起来，精神领域成为人们的关注点。基于这种背景，在国际化和技术革命的边缘，传统景观小品的发展范围越来越大。

景观小品是设置在室外空间的各种元素与设施，为人们提供不同的服务，可以丰富城市景观文化内涵，创造优美的环境，满足人们生活的各方面需求。将景观小品放在空间环境里一定有一个清楚的理由，它必须符合其在整体设计中的角色要求。当设置一个景观小品时，不仅要考虑小品之间的关系，还要考虑它的整体功能，在一个总体思想的基础上考虑人与自然、人与动物、人与植物之间的关系，从而发挥景观小品的作用。

第二节
景观小品的分类及作用

一、装饰性园林小品

1. 雕塑小品

雕塑在古今中外的造园中有大量的应用，其从类型上可大致分为预示性雕塑、故事性雕塑、寓言雕塑、历史性雕塑、动物雕塑、人物雕塑和抽象派雕塑等（图1-6、图1-7）。雕塑在景观环境中往往通过寓意的方式赋予景观环境鲜明而生动的主题，提升空间的艺术品位及文化内涵，使环境充满活力与情趣。

图 1-6　雕塑（一）

图 1-7　雕塑（二）

2. 水景小品

水景小品主要是以设计水的 5 种形态（静、流、涌、喷、落）为内容的小品设施（图1-8）。水景常常为城市绿地某一景区的主景，是游人视觉的焦点。在规则式园林景观中，水景小品常设置在建筑物的前方或景区的中心，为主要轴线上的一种重要景观节点。在自然式绿地中，水景小品的设计常取自然形态，与周围景色相融合，体现出自然形态的景观效果。

图 1-8　水景

3. 围合与阻拦小品

围合与阻拦小品包括园林中隔景、框景、组景等小品设施（图1-9），包括花架、景墙、漏窗、花坛绿地的边缘装饰、保护园林设施的栏杆等。这种小品多数为建筑物，主要作用有对园林的空间形成分隔、解构，丰富园林景观的空间构图，增加景深，对视觉进行引导。

图 1-9　围合小品

3

图 1-10　展示设施　　　　　　　　　　图 1-11　照明设施

二、功能性园林小品

1. 展示设施

展示设施包括各种导游图版、路标指示牌，以及动物园、植物园、文物古建、古树的说明牌、阅报栏、图片画廊等，它对游人有宣传、引导、教育等作用（图 1-10）。设计良好的展示设施能给游人提供清晰明了的信息与指导。

2. 卫生设施

卫生设施通常包括卫生间、果皮箱等，它是环境整洁的保障，是营造良好景观效果的基础。卫生设施创造了舒适的游览氛围，同时体现了以人为本的设计理念。卫生设施的设置不但要体现功能性，方便人们使用，同时不能产生令人不快的气味，而且其形式与材质等要与周边环境相协调。

3. 照明设施

照明设施是为烘托园林夜景效果而设置的，主要包括路灯、庭院灯、灯笼、地灯、投射灯等。其各部分构造，包括园灯的基座、灯柱、灯头、灯具等都有很强的装饰作用（图 1-11）。照明设施不仅具有实用性的照明功能，能突出重点区域，同时其本身的观赏性也可以成为园林绿地中饰景的一部分，其造型的色彩、质感、外观应与整个公园的环境相协调。

4. 通信设施

通信设施通常指公用电话亭。由于通信设施的设计与施工通常由电信部门进行，因此其色彩及外形与园林景观本身存在一定的不协调。通信设施的安排除了要考虑游人的方便性、适宜性，同时还要考虑其视觉上的和谐与舒适。

5. 休憩设施

休憩设施包括亭、廊、餐饮设施、座凳等（图 1-12）。休憩设施可供游人休息与娱乐，有效提高了园林场所的使用率，也有助于提高游人的兴致。休憩设施与园林环境也应该构成统一的整体，并且满足不同服务对象的不同使用需求。座凳设计常结合环境用自然块石堆叠，形成凳、桌；或利用花坛、花台矮墙边缘的空间，来设置椅、凳等；或围绕大树基部设椅凳，既

茶庭

茶庭为茶道而建，包括举行实际茶道仪式的茶屋，以及根据茶道的朴素理念审美观而设计的石台阶、石灯笼、石蹲踞等，参加茶道之前，客人在石蹲踞中净化自己。而包含这些内容的每一处景观都经过精心营造，如秋树、青苔、石汀步等。

可休息，又能纳凉。休憩设施的位置、大小、色彩、质地应与整体环境协调统一，形成独具特色的景观环境要素。

6. 音频设施

音频设施通常运用于公园或风景区当中，起讲解、通知、播放音乐营造景观氛围等作用（图 1-13）。音频设施通常造型精巧而隐蔽，多以仿石块或植物的造型设置于路边或植物群落当中，以求跟周围的景观充分融合，让人闻其声而不见其踪，产生梦幻般的游园感受。

现代景观小品的形式多种多样，所用的构造材料也有所不同，很多景观小品在设计时全面地考虑了周围环境、文化传统、城市景观等因素，其主要功能表现也较为丰富，如表 1-1 所示。

图 1-12　休息平台

图 1-13　喇叭设计

表 1-1　室外景观小品的功能

序号	功　能	分　析
1	美化环境	景观设施与小品的艺术特性及审美效果，加强了景观环境的艺术氛围，创造了美的环境
2	标示区域	通过景观中标示性的设施与小品，提高区域的识别性
3	实用功能	景观小品尤其是景观设施，主要目的就是给游人提供在景观活动中所需要的生理、心理等各方面的服务，具有休息、照明、观赏、导向、交通、健身等功能
4	环境品质	通过这些艺术品和设施的设计来表现景观主题，可以引起人们对环境和生态以及各种社会问题的关注，产生一定的社会意义，改善景观的生态环境，提高人们的环境艺术品位和思想境界，提升整体环境品质

图1-14　景观小品与周围环境风格统一　　　　图1-15　景观小品是艺术与文化结合

第三节
景观小品的设计原则

景观小品拥有丰富的类型，并且经常彼此相互组合。一个城市的发展，离不开围绕着人们生活的可视形态——景观小品，它是人们所处环境中的一种文化创造，是整合自然资源、协调生态的公共景观设计，是促进城市人及周边环境和谐共处的景观设计，是塑造城市文化，体现精神与物质、功能与审美、政府与民众关系，大众文化所追求的设计。

一、力求与环境有机结合

景观小品的设计要把主观构思的"意"和客观存在的"境"相结合。景观小品作为一种实用性与装饰性相结合的艺术品，不但要具有很好的审美功能，更重要的是它应与周围环境相协调，与之成为一个系统整体（图1-14）。景观的周围环境包括有形环境和无形环境。有形环境包括绿化、水体、建筑等人工环境，无形环境主要指人文环境，包括历史和社会因素。在设计与配置景观小品时，要整体考虑其空间尺度、形象、材料和色彩等因素应与所处的环境相协调，保证景观小品与周围环境和建筑之间做到和谐、统一，避免在形式、风格、色彩上产生冲突和对立。

二、实现艺术与文化的结合

景观小品要在城市环境中起到美化环境的作用，审美功能是第一属性，景观小品通过本身的造型、质地、色彩、肌理向人们展示其形象特征，表达某种情感，满足人们的审美情趣，同时也应体现一定的文化内涵（图1-15）。景观小品的文化性体现在地方性和时代性当中。它的创造过程就是对这些文化内涵不断挖掘、提炼和升华的过程，反映了一个地区自然环境、社会生活、历史文化等方面的特点。景观小品的文化特征反映在其形象上，因其周围的文化背景和地域特征的不同而呈现出不同的设计风格。景观小品所处的城市环境空间只有注入了主题和文脉，才能成为一个真正的有机空间。

图 1-16　景观小品底部标有盲文

图 1-17　木塑地板

三、满足人们的行为和心理需求

景观小品设计的目的是直接服务于人，城市环境的核心是人，人的习惯、行为、性格、爱好都决定了对空间的选择（图1-16）。所以，景观小品的设计必须"以人为本"，从人的行为、习惯出发，以合理的尺度、优美的造型、协调的色彩、恰当的比例、舒适的材料质感来满足人们的活动需求。要根据婴幼儿、青少年、成年人的行为心理特点，充分考虑到老人及残疾人对景观小品的特殊需要，落实在座椅尺度、专用人行道、坡道、盲文标识、专用公厕等细部小品的设计中，使城市景观真正成为大众所喜爱的休闲场所。

四、满足功能的需求和技术层面

景观小品绝大多数具有较强的实用意义，在设计中除满足装饰要求外，应通过提高技术水平，逐步增加其服务功能，要符合人的行为习惯，满足人的心理需求。功能性对于景观小品来说是基础性的要素，设计时应该首先考虑，像公园里的座椅或凉亭可为游人提供休息、避雨、等候和交流的服务功能，而标识牌、垃圾箱等更是人们户外活动不可缺少的服务设施。

技术是体现设计的保障，技术层面要求考虑景观小品广泛设置的经济性和可行性，要便于管理、清洁和维护，还要做到尊重自然的发展过程，倡导能源和物质的循环利用及其自我维护。设计时还要注意防锈、防霉和便于维修等各种技术问题。

五、原始材料与新材料的使用

利用先进的科技、新的思维方式，创作出景观小品不同于以往的风格与形式。优秀的设计作品不是对传统的简单模仿和生搬硬套，而是将传统的景观文化、地方特色和现代生活需要与美学价值很好地结合在一起，并在此基础上进行提高和创新，使景观小品形成别具一格的风貌特色。形式创新的同时应当积极进行材料、技术的创新，当今景观小品的材料、色彩呈现多样化的趋势，石材、木材、竹藤、金属、铸铁、塑胶、彩色混凝土等不同材料的广泛应用（图1-17），给景观小品带来了一片崭新的天空。只有不断创造出个性化、艺术化、富于创新的设计，才能跟上时代的步伐。

人的生活与城市的关系古希腊哲学家亚里士多德曾说："人们为了生活，聚居于城市，人们为了生活得更好，居留于城市。"城市具有文化、特色、品位，人们才能获得温馨感、舒适感。

小／贴／士

城市景观小品存在的问题

以技术革新为代表的文明演进改变了城市结构及其发展潜力，城市面貌有了很大的改观，人们对城市生活空间品质的要求日益提高，城市景观也越来越受到大众和专业人士的重视。但如今这些城市空间被过分规范化了，城市景观小品作为仅次于城市建筑空间的体现者，赋予了空间环境积极的内容和意义，它们应该重新成为一个共享和接纳的场所，拾回被遗失的重要特质，为实现共同生活的愿望而面临挑战。为了达成这个转变，城市景观小品作为社会新功能和新发展方向的载体，是一个相当关键的元素。

城市景观的品质、人们的生活质量、景观小品的优劣以及配置的适合程度等，会影响整个城市的景观形象，进而对城市综合景观的整体效果产生一定的影响。如今，满足功能舒适之余又要加上美学的要求，文化遗产的问题被提出，政府部门管理城市设施的能力已成为被评价的准则之一，城市景观的整体效果将直接反映市政建设的得力与否。因此，近年来世界各大都市均将城市景观的塑造置于重要位置，作为城市构成要素的一部分，景观小品应当与城市景观和谐一致、相辅相成。

第四节
案例分析：景观小品方案设计

设计师从景观小品各要素细部分析入手，获得设计灵感，并形成设计意向，以进一步表达整体设计理念及主题。设计师在进行方案设计时，从立意的设想、构思的出现到最终方案的成熟，不断地在草图上修改、完善，培养良好的工作方式和工作习惯，由整体到局部、由粗到细，逐步深入，循序渐进地完成整个方案设计的造型工作。

一、草图畅想

方案草图的表现手段十分灵活、自由，画草图实质上就是在进行具体的景观小品方案设计（图1-18）。图纸上的每一根线条，都意味着一种念头、一种思路、一种工作方式和过程，是开拓思路的过程，也是一个图形化的思考和表达方式。在设计之初，要利用草图将所有想法用图形的形式表现出来。不求表现得精致和完善，只需要将一些灵感和念头记录下来，这是一个非常重要的步骤，许多精妙的创意产生于此，此做法不仅有利于设计师之间的交流，更有利于方案的逐步完善。

二、方案推敲

铅笔在草图纸上自如地伴随着大脑一起对方案进行思考、推敲。在经过草图畅想阶段后，会得到许多设计创意。在方案推敲阶段应该通过比较、综合、提炼这些

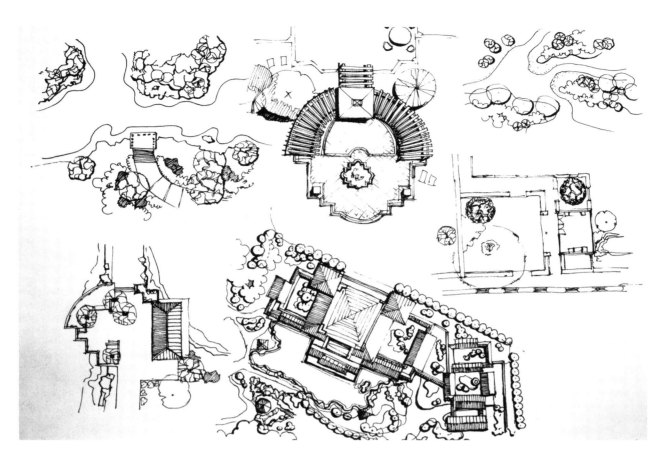

图 1-18 景观小品设计草图

草图,更加理性地重新审视,以造型、功能、艺术性、可行性、经济性、独创性等为依据,找出一到两个方案进行深入推敲。

三、延伸构思

随着思路的清晰,设计者应在笔端十分肯定地记录和表现构思方案。针对被选出的方案,分析其是否存在问题并进行完善,从功能性出发,寻找可以拓展的方面。

四、方案深化

在深化方案的同时,确立设计对象的尺度关系、材料与材料之间质感对比关系、色彩对比关系等,解决城市景观小品安全性、美观性、舒适性、地域性和文化性等

问题,将设计对象表达成效果图。方案深化其实是不断修改、不断完善的过程。

五、扩初设计

扩初设计主要解决景观小品设计方案中相关材料、施工方法、结构等问题,将方案深化成系统的图纸,明确各细部的尺寸、连接关系,确定材料、生产及安装方法,进一步完善设计方案,科学体现设计理念,结合实际情况,合理传达场所精神。

六、施工图设计

施工图表达虽然属于设计表达,但也有其特殊性,主要通过平面图、立面图、剖面图、大样、节点详图等将对象具体化、

9

形象化,解决各细部的实施以及相互配合问题,明确材料及施工工艺,使设计得以顺利实现。以施工图为语言,可以向施工方传达设计师的意图、施工工艺、工程材料、技术指标等内容。施工图设计需要规范制图,主要包括图幅、图框、图纸比例、文字、标注等内容,以保证施工人员能够读懂图纸,按图施工。

1. 图幅与图框

图幅是指绘图时采用的图纸幅面,也就是所用图纸的大小规格,即宽 × 长,一般分为A0、A1、A2、A3、A4几个规格。

图框是图纸上所供绘图范围的边线,所绘图不能超过这个界限,这样做的目的是合理利用图纸和便于管理及装订。图框的标题栏用来填写设计单位(设计人、校对人、审批人)的签名和日期、工程名称、图名、图纸编号等内容。会签栏是为各工种负责人签署专业、姓名、日期用的表格。最终出图时需要加盖设计单位图章。

2. 图纸比例

图纸的比例,应为图形与实物相对应的线性尺寸之比。比例规定用阿拉伯数字表示,如1∶20、1∶50、1∶100等。详图部分选用1∶500以下的比例,大样图多选用1∶10、1∶20、1∶50的比例。

3. 文字与标注

施工图中图样及说明中的汉字,宜采用长仿宋体,宽度与高度的关系应符合国家相关规范要求,即宽度∶高度＝2∶3,尺寸数字、符号标注中的文字应当与设计说明的正文文字大小相同,具体大小为打印后的5号字,图纸名称文字大小是普通标注文字的2倍。

七、设计实施

景观小品方案确定以后,可以用模型直观展示设计效果。在实施的过程中,会遇到许多问题,包括现场景观空间环境与景观小品调整、材料工艺、成本概算、安装设施配套等,需要不断地与各部门进行沟通。在坚持设计原则的基础上,对设计进行适当的调整,及时解决问题。

八、设计评价与管理

设计施工结束以后,设计工作并不是全部结束了,还需要收集景观小品的使用状况、市民评价、经济效益等信息的反馈,总结设计工作中的经验和教训。此外,还要建立适宜的景观小品经营和维护管理机构来负责其维护和保养工作,后期的市场反馈、制定相关日常维护的注意事项有利于设计品质的提高及日常管理。

思考与练习

1. 怎样理解景观小品？

2. 景观小品的功能主要体现在哪些方面？

3. 景观小品分为哪几类？分别对景观环境有什么作用？

4. 景观小品的设计要坚持哪些原则？

5. 城市景观小品存在什么问题？如何解决这些问题？

6. 景观小品设计的流程分为哪几个阶段？举例生活中的景观小品实例，转换思维，提供更多的设计构想。

第二章

景观小品的
发展及设计要素

学习难度：★★★★☆

重点概念：发展　构成　形式美　创新

章节导读

　　景观小品从出现到成熟是几代乃至几十代设计师，通过原始形态到现代形态的不断设计改造而来的，这种变化是人类不同时代社会行为模式的需要。景观小品的艺术性是环境艺术美学范畴，可以简单地解释为环境艺术观感和美观问题，因此设计师在注重形态创造的同时，还要注重理性的、逻辑的和创新的思维方式，以达到构成上的秩序感、心理学上的平衡感（图2-1）。本章将从景观小品的历史变革讲起，分析影响景观小品设计的各种艺术风格，探讨景观小品未来的发展趋势，并介绍景观小品的设计要素。

图 2-1　休息区

第一节
景观小品的发展

一、景观小品的历史变革

从历史资料来看，欧美各国早就对景观小品设施十分重视。早在古希腊时期，神庙附近的圣林中有竞技场、演讲台、敞廊、广场、露天剧场等公共场所，已经出现了水渠、柱廊、雕塑、喷泉、花坛等，并发展成一套完整的体系。体育场公园和圣林分别在体育设施和神庙周围规则排列高大树木，其间点缀着亭、廊和雕塑小品，如神像或杰出的运动员半身像之类（图2-2、图2-3）。

罗马在征服希腊后，由于无法抗拒被征服国文化的魅力，承袭了大量希腊与小亚细亚的文化和生活方式，于是在希腊原有的公共建筑之外，又发展了罗马角斗场，同时希腊建筑在建筑技艺上的精益求精与古典柱式也对罗马产生了很深的影响。罗马大角斗场是古罗马节日表演角斗中不可缺少的场所，公元前80年左右，古罗马创建了用两个半圆形剧场相对而合成的圆形角斗场以供这种活动之用（图2-4）。

18世纪，巴黎的皇家园林凡尔赛宫

图2-2 古希腊神庙部分

图2-3 罗马体育场

图2-4 罗马角斗场

图2-5 巴黎凡尔赛宫皇家园林

图 2-6　清明上河图

（图 2-5），其向外放射的街道系统，恢弘壮观的星形广场，庄重的古典主义建筑，搭配精致的凯旋门、灯柱、纪念碑、喷水池等建筑小品，可以说是城市景观小品真正的开始。如今，行走在欧洲城市的街道上，大量的景观小品出现在城市中任何一个需要的角落，包括各种各样的路灯、垃圾筒、长凳、标识牌、公交站台等，精湛的设计创意使这些随处可见的、普通的景观设施充满灵气，每一处都精心设计，让人感觉它们不仅在观赏中不可或缺，更重要的是极大地方便了市民与游客。这些景观小品已成为城市的一个重要组成部分。

在中国古代，城市景观小品设施也有所体现。从北宋张择端的《清明上河图》中，可以看到北宋京都汴梁的繁华景象（图 2-6、图 2-7），街道店铺上各种招牌、门头、商店的幌子等，便是当时的环境设施。中国古代还有类似华表、望火楼、抱石鼓、石狮子、水井等古人日常所需的设施。

我国的景观小品设施发展经历了一个

图 2-7　清明上河图局部

漫长的过程，虽然在封建社会的城市街道、庙宇、码头等设施在当时是世界上比较发达的，但是到了近代，由于工业化起步比较晚，经济比较落后，我国景观小品设施的建设落后于西方发达国家。近些年来，随着改革开放的深入，人们的观念有了很大的改变，人们对自己生存的环境有了新的要求，政府也开始注重城市环境质量，为营造亲切宜人的居住环境、城市氛围，城市面貌有了很大的改观，景观小品频繁出现在城市环境中，进入人们的生活，为人们提供服务，成为一道靓丽的城市风景线。

施瓦茨的设计思想

小/贴/士

受波普艺术影响的景观设计师施瓦茨，擅长用平凡的材料创造不一样的景观。例如，她设计的瑞欧购物中心庭院，将现实生活中的青蛙作为一个造园要素放在设计的场地中，最终形成视觉冲击力很强的景观效果。有人说施瓦茨的设计是对景观的叛逆，但是她对景观有自己独特的思考。"景观是一种变化的意象，是用有形的方式对周围环境进行再现、提炼及象征。"这并不是说景观是非物质的，它们也可以利用各种材料展现在不同的界面上，可以是画布的画、纸上的文字以及大地上的泥土、石块、水体和植物。她提出，景观的营造，并不仅仅是为了满足功能的需要，景观的空间与形式应能够表达、体现和代表人们看待世界的方式。

二、景观小品设计未来的发展趋势

现今的艺术发展更加自主化和多元化，艺术形式层出不穷，纯艺术与其他艺术门类之间的界限日渐模糊，艺术家们吸取了电影、电视、戏剧、音乐、建筑、景观等创作手法，创造了如媒体艺术、行为艺术、光效应艺术等一系列新的艺术形式，而这些反过来又给景观小品艺术行业从业者以很大的启示，丰富了景观小品设计艺术的创作思路。

现代景观小品设计，还应与环境的可持续发展相结合。可持续这一概念最先是生态学家提出的，即确保自然资源和开发利用的平衡性。景观小品本身是为人们服务的，供人们享受、观赏，追求的不单单是大片绿地，人们更希望走在路上可以体会到一种"台痕上阶绿，草色入帘青"的境界，即"天人合一"的理念，追求"人、建筑、环境"相结合。

交互设计的概念出现于 20 世纪 80 年代后期，由比尔·莫格里奇提出，并率先将交互设计发展成为一门独立的学科。特里·维纳格瑞德将交互设计定义为"人类交流和交互空间的设计"，强调的是用户与产品使用环境的共存以及交互场所与空间的构建。交互设计是一门交叉性学科，融合了计算机技术、虚拟现实技术、工业设计、视觉设计、认知心理学、人机工程学等众多学科，其目的是满足用户对产品的需求。从城市景观角度理解交互设计，即满足城市公共设施使用者与公共设施、城市环境三者之间的信息传达、交流体验感受的双向反馈需求，使其充分发挥为市民服务、营造和谐城市环境的功能。

小／贴／士

文艺复兴时期人权的兴起和贸易活动促进了别墅园的发展，造园艺术以阶梯式露台、喷泉和庭园洞窟为主要特征，布局规则。别墅园多半建置在山坡地段上，在宅的前面沿山坡引出的一条中轴线，其上开辟一层层的台地，分别配置保坎、平台、花坛、水池、喷泉、雕像，各层台地之间以蹬道相联系，中轴线两旁栽植高耸的丝杉、黄杨、石松等树丛，作为园林本身与周围自然环境之间的过渡。

第二节
构 成 要 素

景观小品的构成要素，其外在形式指所运用的艺术语言和结构，是实质性物质元素，包括造型、色彩、材料、空间等。

一、造型

造型即景观小品的外在形态，是最直观的元素，包括点、线、面、体。这些形态造型要素既是小品造型语言中语汇和形态构成的基础，又是形象思维和新形态造型的依据。景观小品所能够产生的各种变化万千的造型和丰富多样的美感，都是利用形态造型要素的特征变化和组合形式所呈现出来的。

1. 点形态

点可以表明或强调位置，形成视觉焦点。通过改变点的颜色、排列的方向、形式、大小及数量变化来产生不同的心理效应，形成活跃、轻巧等不同的表现效果，给人以不同的感受（图 2-8）。在景观空间物体的形态构成中，点表现为：一个范围的中心、一条线的两端、两条线的交点、面或体之上线条的相交处。

2. 线形态

线按照大类来分有直线与曲线两种，细分还有水平线、垂直线、斜线、折线、几何曲线、自由曲线等（图 2-9）。人的视觉会把线条的形式感与事物的性能结合起来，从而产生各种联想，如水平线稳定、平静、呆板；垂直线有生命力、力度感、伸展感；斜线具有运动感、方向感；折线的方向变化丰富，易形成空间感、紧张感；几何曲线的弹力、紧张度强，体现规则美；自由曲线表现出自由、潇洒、休闲、随意、优美。

图 2-8　点的应用

图 2-9　线的应用

图 2-10　面的应用

图 2-11　体的应用

景观小品可以通过线的长短、粗细、形状、方向、疏密、肌理、线形组合的不同来塑造线的形象，表现景观小品的不同个性，反映不同的心理效应，如细线表现精致、挺拔、锐利；粗线则表现壮实、敦厚。线条若是运用不当，则会造成视觉环境的紊乱，给人以矫揉造作之感。

3. 面形态

面的形式有平面与曲面两种。平面在环境中具有延展、平和的特性，曲面显示出流动、热情、不安、自由。景观小品通过运用各种面的形态分类的个性特征，并通过形与形的组合，表现多样的情感与寓意。低垂的面会产生压抑感；高耸向上的面形成崇高的气氛；倾斜的面产生不安的感觉，强调形状和面积；群化的面能够产生层次感（图 2-10）。

4. 体形态

体伴随着景观小品角度的不同变化而表现出不同的形态，给人以不同的视觉感受。体能体现重量感和力度感，因此它的方向性又赋予其本身不同的表情，如庄重、严肃、厚重、实力等。另外，体还常与点、线、面组合而构成形体空间，如以细线为主，加小部分的面表现，可以表达较轻巧、活泼的形式效应；以面为主，与粗线结合，可以表达浑厚、稳重的造型效应（图 2-11）。

点、线、面、体四个基本要素及相互之间的关联，展现出丰富多彩的造型。

通过分离、接触、联合、叠加、覆盖、穿插、渐变、转换等组合变化，使小品造型达到个性化的表现，让人们在审视中得到美的享受。点、线、面、体四个基本要素在变化中演化成新的造型语言，是新时代意识下的创意构思，无论是自然景致、构筑物还是城市家具，都可以通过点、线、面、体与整体的统一造型设计，创造出独特的艺术装饰效果。

二、色彩

英国著名心理学家格列高里说："颜色知觉对于我们人类具有极其重要的意义，它是视觉审美的核心，深刻地影响着我们的情绪状态。"色彩能唤起人们的情绪甚至情感。色彩是物体对光不同反射并作用于人眼的结果。色彩在人们的直观感受中是最富有情感表现的因素，是一切视觉元素中最活跃、最具冲击力的因素，也是造型艺术的重要要素之一（图2-12、图2-13）。

景观小品中色彩同样明显地展现造型个性，反映环境的性格倾向。景观小品的个性有冷暖、浓淡之分，对颜色的联想及其象征作用可给人不同的感受。暖色调热烈、让人兴奋，冷色调优雅、明快，明朗的色调使人轻松、愉快，灰暗的色调更为沉稳、宁静。景观小品色彩处理得当，会使景观空间有很强的艺术表现力。色彩可以与景观小品的功能相结合，色彩可以与景观小品所处的环境相结合，色彩可以与景观小品表达的主题相结合，总之，色彩应符合人们的心理需求。

三、材料

材料是用来制造景观小品的物质。材质是材料质感和肌理的传递，表现人对于材质的知觉心理过程是较为直接的。不同的质感、肌理带给人不同的心理感受。同样的材料，由于纹理、质感、色彩、施工工艺不同，所产生的效果也不尽相同。

1. 材料自身的特征

砖、木、竹（图2-14）等材料可以表达自然、古朴、人情味的设计意向；玻璃、钢、铝板可以表达景观小品的高科技

19

图 2-12　橙色的搞怪南瓜头显得活跃

图 2-13　白色小品显得优雅、干净

图 2-14　竹地板

图 2-15　清水混凝土墙

感；裸露的混凝土表面及未加修饰的钢结构颇具感染力，给人以粗犷、质朴的感受（图 2-15）。

2. 材料的属性分类、性能及应用建议

如今景观小品的质地随着技术的提高，形式多种多样，极大地丰富了景观小品的语言和形式。当代城市景观小品设计经常使用的材料主要有木材、石材、金属、塑料、玻璃、涂料等。由于景观小品被置于室外空间，要求能经受风吹雨淋、严寒酷暑，以保持永久的艺术魅力，设计人员就必须了解材料性能，使用坚固的材料。另外，从审美角度来说，要依靠不同材料的应用来表现小品的造型与景观美感，要通过不同材质的搭配使用，丰富景观小品的艺术表现力。各种材料的质感和特性都不一样，给人的视觉感受、触觉感受、联想感受和审美情趣也都有所区别。因此，景观小品从形式和内容上都有崭新面貌。

四、空间

空间是物质存在的一种客观形式，是由长度、宽度、高度表现出来的。空间的概念是事物存在的相对概念，离开了事物的对象、距离、疏密、比例，就很难确定空间的量度。景观小品作为整个城市空间构成的一部分，一方面它与整个城市、区域相互产生影响，构成空间、比例、体量的关系；另一方面它本身作为一个实体，具有相对独立的空间构成形式。

1. 所占据的实体空间

景观小品作为一个实体的物质表现，是立体三维的，会占有一定的位置，也包括占领性的实体相互间应具有适宜的尺度关系，在各占领空间之间形成一种张力，它们可以共同限定一个空间（图 2-16）。

2. 依靠景观小品分隔、塑造空间

景观中有漏窗的景墙设计使空间隔而不透，植物、水景的布置不仅美化了城市的景观环境，而且起到了分割空间的作用（图 2-17）。

3. 由景观小品散射的空间

景观小品与周围环境共同塑造出一个完整的视觉形象，同时赋予空间以生机和主题。通常以小巧的格局、精美的造型来点缀空间，使空间富有意境，从而提高整

景观小品自由式布局的作用

自由式布局在景观环境中主要起到点景的作用，能给景观环境带来比较自由、活泼、轻松的效果，注意做到看似漫不经心的摆放，却是精心设计，使景观小品的布局恰到好处。

图 2-16　空间限定

图 2-17　漏窗

体环境景观的艺术境界，如亭子、花架营造出休闲、交流的空间，喷泉、水池构建出娱乐玩耍的空间。

第三节
形式美要素

形式美具有普遍性、必然性和永恒性的特点。多样与统一是艺术作品形式美的主要原则，包括主从与重点、对称与均衡、对比与协调、节奏与韵律等形式要素。

一、主从与重点

主从与重点法则是视觉特性在景观小品中的反映。简言之，主从是小品各部分的从属关系，缺乏联系的部分不存在主从关系，在设计中应善于安排各个部分以达到一定的效果，重点是指视线停留中心。

1. 主与从

人们的感受由于局限、缺陷和视野、视角等关系而产生了主从关系，这是达到统一与变化的必要手段。主从关系主要体现在位置的主次、体型及形象上的差异。在处理主从关系时，以呼应取得联系，以衬托出差异，如采用对称的构图形式，则

主要表现为一主两从或多从的结构。

2. 重点与一般

重点是相对一般而言的，没有一般就没有重点。由于视线停留在主要内容上，其视线集中就形成了重点，所以重点不但在部位上是主要部分，在处理上也应细致地刻画。

二、对称与均衡

黑格尔曾写道：“要有平衡对称，就须有大小、地位、形状、颜色、音调之类定性方面的差异，这些差异还要以一致的方式结合起来。只有把这种彼此不一致的定性结合为 一致的形式，才能产生平衡对称。”在景观小品设计中，为了使小品在造型上达到均衡，需要对体量、色彩、质感等进行适当的处理。其中以构图、空间体量、色彩搭配、材质等组合是相对稳定的静态平衡关系，而光影、风、温度、天气等随时间变化而变化，体现出一种动态的均衡关系。

1. 对称

对称指造型空间的中心点两边或四周的形态具有相等的公约量而形成安定现象

图 2-18　对称

图 2-19　均衡

图 2-20　大小对比

图 2-21　方向对比

（图 2-18）。对称能给人以庄重、严谨、大方、完美的感觉。有些对称是安定而静态的，有些对称则是在安定中蕴涵着动感。对称在景观小品设计中最为常见，是形式美的传统技法。但有时过于严谨的对称会给人一种笨拙和死板的感觉，因此在设计中应该灵活地运用对称形式。

2. 均衡

均衡实际上是一种对比对称，是指支点两边在形式上相异而量感上等同的布局形式，是自然界物体遵循力学原则而存在的现象（图 2-19），均衡强化了事物的整体统一和稳定性。均衡变化多样，常给人一种轻松、自由、活泼的感觉，在比较休闲的景观小品设计中应用广泛。

三、对比与协调

在景观小品造型设计中常采用对比与协调的手法来丰富景观小品所在环境的视觉效果，可以增加小品的变化趣味，避免单调、呆板，达到丰富的效果。

1. 对比

（1）大小对比

大小对比指在景观小品造型设计中常采用若干小体量来衬托较大的体量，以突出主体，强调重要部分（图 2-20）。

（2）方向对比

方向对比指形体所表现的事物的朝向，又指小品造型结构的走向（如垂直走向、水平走向、倾斜走向）等，上下、左右、前后、横竖、正斜等方向对比可以使得小品造型整体产生一种运动感或者动态均衡感（图 2-21）。

（3）色彩对比

一般地说，色彩、色相、明度、饱和度以及冷暖色性等都可以成为对比的元素，但色彩对比的主要表现是补色对比以及原色对比。

（4）材料质地、肌理对比

材料质地、肌理对比指材料本身的纹理，色彩、光泽、表面粗细的对比（图2-22）。

图 2-22　材质对比

（5）表现手法对比

表现手法对比指方圆、粗细、高低，材料的软硬、刚柔等。

（6）虚实对比

虚实对比是围绕着作品的功能和主题展开的，虚实结合。

2. 协调

协调在设计中运用广泛，易于被接受。但在某种环境下一定的对比可以取得更好的视觉效果，实际上也是一种协调。在设计时，要遵循"整体协调、局部对比"的原则，即景观设计的整体布局要协调统一，各个局部要形成一定的过渡和对比。

四、节奏与韵律

节奏与韵律又合称为节奏感，它是美学法则的重要内容之一。在景观小品的形态设计中，运用节奏和韵律的处理，可以使静态的空间产生律动的效果，既能建立起一定的秩序，又能打破沉闷的气氛，创造出生动、活跃的环境氛围。

1. 节奏

节奏表现为有规律的重复，如高低、长短、大小、强弱、明暗、浓淡等。

2. 韵律

韵律在节奏基础上发展，是一种有规律的重复，如高低变化表现为高高低低等形式，所以韵律给人的感觉更加生动、多变，也更富有感情色彩。节奏是韵律的单纯化，韵律则是节奏的深化和发展，景观小品韵律美的构成体现为以下几种表现形式。

（1）连续韵律

连续韵律以一种或几种要素连续、重复地排列而形成，各要素之间保持着恒定的距离和关系，可以无止境地连绵延长（图2-23）。

（2）渐变韵律

渐变韵律是指连续的要素在某一方面按照一定的秩序而变化，例如逐渐加长或缩短、变宽或变窄、变密或变稀等。

（3）起伏韵律

渐变韵律如果按照一定规律时而增加、时而减小，有如波浪之起伏，或具有不规则的节奏感，即为起伏韵律，这种韵律较活泼而富有运动感（图2-24）。

（4）交错韵律

交错韵律是各组成部分按一定规律交织、穿插而形成的。各要素互相制约，一隐一显，表现出一种有组织的变化。

日本建筑师芦原义信曾提出在外部环境中采用20～25m的模数，他认为："关于外部空间，实际走走看就很清楚，每20～25m，或是有重复的节奏感，或是材质有变化，或是地面高差有变化，那么即使在大空间里也可以打破其单调，有时会一下子生动起来。"

24

图 2-23 连续韵律

图 2-24 起伏韵律

第四节
创新主题

创新能力不是凭空产生的，而应该建立在相应的素质与技能的基础之上。例如人文历史知识的积淀、对美的感悟与洞察力、资料收集与分析能力、徒手草图技能、模型制作技能等。因此设计师要善于观察生活，生活中最普通、最容易被人们接受的事物都可以作为创新元素和创新点，进行放大和应用。

内容是题材、主题思想等因素的综合，是艺术家创作和受众领悟的重点，是艺术作品的灵魂和核心。只有注入了文化内涵和丰富的艺术内容，景观小品才能激起人们心灵的深刻感受。不同的景观小品艺术文化题材给人以不同的心理感受，很多文化素材和文化时尚都能构成景观小品文化设计的题材，按不同的主题内容分类如下。

一、传统文学

此类文艺性小品把文学、艺术、书法、诗词等经典以景观小品的形式表现出来。

二、传统艺术

传统艺术具有民族特色，蕴涵着中华民族基本的、深刻的文化内涵，如皮影、剪纸、编织、刺绣等。

三、古代寓言故事

古代寓言故事通过历史上有特殊意义的事件充分调动人的情绪，让人们回到特定的历史时间里，感受当年的生活。脍炙人口并有着强烈道德教化意义的寓言故事，大都在民间口耳相传，具有较高的文学性、艺术性和思想性，使人们在欣赏小品艺术的同时受到教育（图 2-25）。

四、宗教和神话传说

佛教、道教、基督教、儒教素材经常作为创作题材，包括宗教人物、宗教故事，能传达神话和宗教的精神，实现人们对精神领域的崇拜和归宿感（图 2-26）。神话传说有英雄主义和浪漫主义的故事作为传说题材，使艺术作品有了阳刚之美或世俗情感。

五、文化符号

人类在进化的过程中不断创造自己的

生态与自然

当今，生态自然主题成为现代景观发展的必然趋势。利用自然，以原自然地貌与植被为基质的景观设计，尽量少对原始自然环境进行变动；物尽其用，材料与资源再利用的景观设计，变废为宝，化腐朽为神奇；借助技术对能源提炼的景观设计。

图 2-25　寓言雕塑

图 2-26　佛教雕像

文化，文化的不断积淀形成了特定的文化符号。文化符号就是将文化的创造过程记录下来的特殊形式，如篆刻、书法、花脸、旗袍、太极标志、龙形图案等。

六、文字

通过图形化、符号化的表现特质，可以丰富景观小品的表现形式。甲骨文、篆书、隶书、楷书等各种书体不同的表现也为当代景观小品提供了丰富的视觉元素。

七、特定环境

特定环境主要让人们感受独特的情调和特定的环境氛围，有可爱的、休闲的、欢快的等。

第五节

案例分析：闲适的屋顶花园

花园位于屋顶上，创造了奇特而壮观的天台景色。屋顶花园的北侧设有大面积的铺装和条带形的草坪，草坪一侧是矩形种植槽中的低矮树篱（图 2-27 ～图 2-32）。将草坪休息区划分开的是一个巨型的棋盘，艺术装置给空间带来了活泼的气氛。可伸缩的遮阳棚可以覆盖整个区域，确保在所有天气条件下空间都能得到充分的利用。

屋顶花园的植物材料选择了古铜色作为基调，搭配各式各样鲜艳的自然植被，种植低矮的灌木较为合适。由于种植区设计在屋顶，可多种植喜阳的花卉，这些植物材料搭配随着季节更替始终展现出令人惊艳的温暖色调。由于材料的搬运会浪费大量人力、物力、财力，所以，盆栽植物是屋顶花园植物的首选。

屋顶花园设置的遮阳棚，一个带桌椅组合的木质平台和步道，为工作人员提供了充足的休息空间。在放松身心的同时，可以欣赏天台上美丽的植物。在花园东北角的种植床上，设置了一辆极具特色的老式车皮，为花园注入了乐趣和奇异的元素。

鸟瞰图（图2-33）可以看出植被将天台围成一个几何形状，极具设计感。

图2-27　屋顶花园（一）

图2-28　屋顶花园（二）

图2-29　屋顶花园（三）

图2-30　屋顶花园（四）

图2-31　屋顶花园（五）

图2-32　屋顶花园（六）

图 2-33　屋顶花园鸟瞰图

思 考 与 练 习

1. 不同文化背景下景观小品造型设计有什么特点？

2. 不同类型的景观小品设计未来的发展趋势如何？

3. 根据相关作品，思考其造型语言特点，分析景观小品的创新主要体现在哪些方面？它们对设计观念的有什么意义和启示？

4. 景观小品设计时要从哪些方面考虑？

5. 观察生活中的景观小品实例，结合各要素的特征进行分析。

6. 利用网络技术或查阅资料等方式，按照景观小品的分类收集小品作品。

第三章

构 筑 小 品

学习难度： ★ ★ ★ ☆ ☆

重点概念： 入口　亭廊　围栏　桥梁

章节导读

景观构筑小品是在环境设计中，出于对地形改造、场地设计、安全防护、空间围合等需要进行的建设，是构成环境景观的重要元素，在设计过程中就要求设计师对构筑小品要素的细节进行艺术设计，从而增加空间环境的吸引力，提升人们的生活质量（图3-1）。构筑小品以小型建筑物和构筑物为主，具有一定的可使用的内部空间，但其面积和体积以及功能性完全不同于其他建筑物，更注重经营的场所性、艺术性、娱乐性等，在设计的过程中除了要注重构筑物的结构设计外，还应该考虑到它的美学特征和文化内涵。

图 3-1　构筑小品

图 3-2 大门和入口（一）

图 3-3 大门和入口（二）

图 3-4 颐和园东门入口牌坊

第一节
大门和入口

大门和入口在设计中要突出，大门和入口对限定人进入具有较强的引导性，但对空间分隔不是很明确，且开敞通透，甚至没有门房、门扇等设施。大门和入口作为区域性的建筑构造，通常被看成是一个独立的构筑实体。由于景观性质的不同，大门和入口的形式、内容、规模均有很大的差别。

一、常见形式

随着近代建筑的不断推陈出新，景观大门和入口设计的造型、空间组织也体现出了富有时代感的清新、明快、简约的特点，其类型也不断丰富（图 3-2、图 3-3），包括利用原山石或者模拟自然山石构成入口，利用小品建筑构成入口，亭、台、廊结合自然山石及古木等构成入口，各有各的特点，充分展现出时代精神和地方特色。

1. 利用原山石或模拟自然山石构成入口

这种设计手法需要借助地形特征来完成，顺其自然，是一种将设计与自然相结合的处理手法，可以减少浪费。

2. 利用小品建筑构成入口

利用小品建筑构成入口多见于有悠久历史的风景区，采用山门、牌坊等小品建筑构成入口，与古建筑群可以相互呼应，自然地融为一体（图 3-4）。现代景观园中往往提取传统建筑元素，结合现代设计手法、材料来设计入口，烘托景观主题。

3. 亭、台、廊结合自然山石及古木等构成入口

利用自然山石及古木等构成入口是将人工与自然两种不同的处理手法相结合，

图 3-5 入口方位

具有布局紧凑、主次有序的景观效果，体现了一种人文历史的文化内涵。

二、设计要点

1. 方位的选择

大门是人们进入景观的通道，其位置的选择在景观环境中要便于游人进入。一般情况下，城市公园的主入口多位于城市主干道一侧，在不同的位置还要设置若干次入口，具体位置要根据公园的规模、环境、道路的方向等因素来设计（图 3-5）。

2. 空间处理

空间的大小和形式要依据景观环境中入口的外部广场空间和内部空间的功能作用来设计。大门和入口外部广场空间属于游人集散空间，具有交通集散、人流疏导、车辆停放、人流和车流的组织等功能；大门和入口的内部领域空间包括景区介绍、游人休息等候、了解景区概况、使用卫生间等功能。

大门和入口的宽度应由功能需要来确定，小出入口主要供人流出入用，有时提供小型推车的出入，单股人流宽度在 0.6～0.65 m，一般满足 1～3 股人流通行的宽度即可。大出入口，除提供大量游人出入外，在必要的情况下提供车流进出。因此，以车流所需宽度为主要依据，一般需要考虑出入两股车流并行宽度。

3. 大门和入口设计

大门和入口设计需要注意其周围建筑的构造，还需要依据景观环境整体规划来设计。

① 景区大门和入口设计常追求自然、活泼，门洞的形式多采用曲线、象形形体和一些折线的组合。在空间体量、形体组合、细节构造、材料与色彩运用等方面应与景观环境相协调。

② 大门和入口设计与周围环境应协调，大门具有很强的视觉焦点和轴线标识作用。作为入口，它是内部领域空间序列的开始；作为出口，它既是内部空间序列的终端，又是街区环境空间的起点。

③ 大门细部设计包括标志、门灯、雕塑（图 3-6）、花台等，这些细部的设计是功能必须的，是与整个景观环境相

32

协调的艺术形象设计。花台、种植池不仅有多变的组合，形式丰富的建筑形象，而且通过植物季相的变化为大门设计增添色彩。

④ 应该注意大门与路面的对比和协调关系，以及防止眩光对出入车辆的影响等。

图 3-6　大门前雕像

图 3-7　亭（一）

图 3-8　亭（二）

第二节
亭、廊、花架

亭是供人们休息、赏景的地方，一般四面通透，多数采用斜屋面。亭体量小巧，结构简单，造型别致，选址灵活。廊的主要作用在于联系建筑和组织行人的路线，此外，还可以使空间层次更加丰富多变。景观中的花架，既为攀援植物提供生长空间，也可作为景观通道，还可作遮阴休息之用，并可点缀园景。

一、亭

亭位置的选择要考虑两方面的因素：一方面亭是供人游憩的，要能遮风避雨，要有良好的观赏条件，因此，亭要造在可以观赏风景的地方；另一方面亭建成后又成为景观的重要组成部分。所以，亭的设计要和周边环境相协调，并且能起到画龙点睛的作用。

1.亭的分类

景观亭多位于道路、节点中的重要部位，如：广场、风景序列的入口、水边、场地中心、转折点等，或者在道路一侧与其他素材构成独立小景（图3-7、图3-8）。

（1）新中式亭

新中式亭即用现代手法创造的传统亭，在比例和形式上以传统亭为模板，在结构上进行简化，在材料和细部设计上进行创新，使用新的技术手段对传统亭进行继承与发展。

（2）仿生亭

仿生亭是模拟生物界自然物体的形体及内部组织特征而建造的亭，是仿生建筑的一种，是模仿自然界树木的生长方式和吸收二氧化碳净化空气的功能来设计的人工树（图3-9）。

图3-9　仿生亭

（3）生态亭

生态亭是根据所处环境，采用对生态环境没有破坏的技术与材料建造的亭。生态亭的材质可循环利用或可再生，符合环保要求，而且在形象上具有现代感，例如用当地乡土植物就地取材设计的植物景观亭，搭配金属、玻璃等（图3-10）。

图3-10　生态亭

（4）解构组合亭

用解构的手法将亭的构成元素重新组合，并进行变构而形成亭的新形式，将规则的圆形亭顶打散重组，形成极具后现代感的景观亭。

（5）新材料结构型亭

新材料结构型亭是指用新型材料制造而成的亭子，比如：张拉膜亭（图3-11），它就是一种集建筑学、结构力学、材料力学与计算机技术为一体的新型景观建筑，钢结构与膜结构相结合的景观亭。此外，玻璃、钢架、PVC等现代建筑材料结合现代结构设计也可以形成造型各异的现代景观亭。

图3-11　张拉膜亭

（6）现代创意型亭

现代创意型亭追求现代及后现代风格，大胆夸张的想象及新型材质的选择，兼顾多项功能的现代亭，例如结合室外座椅、花架设计的座椅亭（图3-12）和根据网结构编排的现代景观亭。

图3-12　创意座椅亭

图 3-13　亭的设计与周围建筑相协调

图 3-14　亭的结构设计保证安全

2. 亭的设计要点

（1）亭的造型

亭的造型取决于其平面形状、平面组合及屋顶形式等。不同造型的亭的设计形式、尺寸、题材等应与所在公园、景观相配套（图 3-13），要根据民族习俗及周围环境来确定其形式和色彩。

（2）亭结构设计的安全性

亭的体量大小要因地制宜，应根据结构决定其体量大小，应充分考虑风、荷载等环境因素的影响，其外部结构采用中粗立柱，可增添安全、沉稳的感觉（图 3-14）。

（3）亭的设计要点

随着科学技术的发展，亭的设计要与时俱进，应充分考虑现代社会对信息的接受和无线网络的需求。

3. 亭的功能

亭在城市景观中可作为游人休息、防晒避雨、消暑纳凉之所。亭既是景观的组成部分，又可畅览景色，是景观中休息览胜的好地方。亭能满足景观游赏的要求，能形成独特的景观，常起着画龙点睛的作用。亭的形象既一枝独秀，又与周围景观融为一体。

小／贴／士

四大名亭

1. 醉翁亭

醉翁亭，中国四大名亭之首，又被称为"天下第一亭"。位于现安徽省滁州市西南的琅琊山风景名胜区中。北宋庆历六年(1046 年)，著名文人欧阳修被贬为滁州太守。欧阳修自号"醉翁"，醉翁亭之名由此而得。

2. 陶然亭

清康熙三十四年(1695 年)，工部郎中江藻奉命监理黑窑厂，他在慈悲庵西部构筑了一座小亭，并取白居易诗"更待菊黄家酿熟，与君一醉一陶然"中的"陶然"二字为亭命名。

3. 爱晚亭

爱晚亭位于湖南省长沙市岳麓书院后青枫峡的小山上，八柱重檐，顶部覆盖绿色琉璃瓦，攒尖宝顶，内柱为红色木柱，外柱为花岗石方柱，天花彩绘藻井，蔚为壮观。

4. 湖心亭

湖心亭位于浙江省杭州市外西湖中央、小瀛洲北面，为湖上人工三岛之一，是湖中三岛中最早营建的，亭为岛名，岛为亭名，在西湖中央。

二、廊

景观建筑中的廊供人在内行走，可起到导游的作用，也可供停留休息、遮阳、避雨用，同时划分空间，是组成景区的重要手段，并且本身成为景观的一部分。

1. 廊的基本类型

（1）根据廊的横剖面形式划分

① 双面空廊（图 3-15）。双面空廊有柱无墙，两边透空，在景观中应用最广，它可以使一边的景物成为另一边的远景。

② 单面空廊（图 3-16）。单面空廊又称半廊，一面开敞透空，另一面沿墙设各式漏窗门洞，常起美化墙面、增添景物层次的作用。

③ 单支柱廊。单支柱廊为植栽中间或一侧设一排列柱的廊。这种形式的廊轻巧空灵，现代公园应用居多。

④ 双层廊（图 3-17）。双层廊又称阁道、楼廊，分上下两层，用以联系不同高度的建筑或景物，游人通过上下交通，可多层次、多角度地欣赏景色。布局可依山傍水，或高低曲折地回绕于厅堂、住宅之间，成为上下交通的纽带。

⑤ 暖廊。暖廊为在空廊的两侧柱间安装花格或窗扇，窗扇可以开闭，以适应气候的变化（图 3-18）。这类廊多用于北方寒冷地区，作为联系建筑物之间空间的通道，可达到阻挡风雨的目的。

⑥ 复廊。复廊又称外廊，在空廊的中间加一道隔墙，两侧都可通行，形成两道并列的半廊，这类廊以隔为主，但多在

图 3-15 双面空廊

图 3-16 单面空廊

图 3-17　双层廊

图 3-18　暖廊

隔墙上开设精美的漏窗，行于一侧可不断地欣赏另一侧的景物（图 3-19）。

（2）根据廊的整体造型划分

① 直廊。直廊即廊的走势较为平直，直行的廊变化较少，因此园林中使用的直廊大多较为短小（图 3-20）。

② 曲廊。曲廊的形体曲折多变，设计师为追求游园时景致的多变性与景区的曲折性，在园中多设曲廊（图 3-21）。

③ 抄手廊。抄手廊也称为抄手游廊，抄手游廊一般设在几座建筑之间，并且是设在走势有所改变的不同建筑之间，比如在一座正房和一座配房的山墙处，往往用抄手游廊连接，而且因为中国的建筑大多是对称布局，所以抄手游廊也多因此呈对称式，左右各一（图 3-22）。

图 3-19　复廊

图 3-20　直廊

图 3-21　曲廊

图 3-22　抄手廊

④ 回廊。回廊指回环往复形式的廊，它不像其他廊一样即使曲折也大体呈直线，而是在曲折中又有回环。在园林中，回廊大多是设置在建筑的周围，四面通达，使游人在建筑的四面皆可观赏美景（图3-23）。

（3）根据廊的立面造型划分

① 爬山廊。爬山廊是建在山坡上的廊，它由坡底向坡上延伸，仿佛正在向山上爬，由此得名（图3-24）。爬山廊因为建在山上，所以它的形体自然有了起伏，这样一来，即使廊本身没有曲折变化，也会是一道美丽的风景。如果廊本身有曲折变化，则会更加吸引人。有了爬山廊，游人可以更为方便地上山坡，观景不必多绕圈子。同时，爬山廊也将山坡上下的建筑与景致连接起来，形成完整有序的景观。

② 桥廊。桥廊即在桥梁上建的廊，廊本身可以美化桥身，可以遮蔽风雨，可以遮挡烈日阳光，也可供过往行人休息（图3-25）。

③ 叠落廊。叠落廊相对于其他形式的廊来说，本身看起来较为特别。大多的叠落廊都比较小，它是层层叠落的形式，一层一层，层叠而上，有如阶梯，即使形体本身并没有曲折的走势，但因是层层升高的形式，所以自身有一种高低错落的美。

④ 水廊。水廊即为跨水或临水而建的廊，能起到丰富水面的景观、不使水面过于单调的作用（图3-26）。同时，它也能使水上空间半隔半连，形式曲折，增加水的深度，富有意境。

图 3-23　回廊

图 3-24　爬山廊

图 3-25　桥廊

图 3-26　水廊

2. 廊的设计要点

根据廊的位置和造景需要，其平面可设计成直廊、曲廊、回廊、抄手廊等。廊从立面上，突出表现了"虚实"的对比变化，从总体上说是以虚为主，这主要还是功能的要求，廊作为休息赏景的建筑，需要开阔的视野。廊同时又是景色的一部分，需要与自然空间相互延伸，融化于自然环境之中。在细部处理上，也常采用虚实对比的手法，如罩、漏、窗、博古架、栏杆、挂落的多为空间构件，似隔非隔，隔而不挡，以丰富整体立面形象。

廊从空间上分析，可以说是"间"的重复，要充分注意这种特点，有规律的重复、有组织的变化，形成韵律，产生美感。两柱之间宽 3 m 左右，横向净宽 1.5～3 m，柱距约 3 m，一般柱径 150 mm 左右，柱高 2.5～2.8 m，方柱截面控制在 150 mm×150 mm，长方形柱截面长边不大于 300 mm。廊可以采用木结构、钢结构、钢木组合结构、钢筋混凝土结构、可再生材料、塑料防水材料，金属材料等，结合具体环境丰富设计（图 3-27）。

图 3-27 金属格子廊

3. 廊的功能

廊通常布置于两个建筑物或两个景点之间，有联系空间和划分空间的作用。作为通道，有交通联系上的使用功能，是联系风景的纽带；有防雨遮阳、点缀环境、活跃景色的烘托作用；对景观中风景的展开和观景程序的层次起着重要的组织作用。

三、花架

花架指攀援植物的棚架，可供行人休息赏景之用，还具有组织、划分景观空间，增加景观深度的作用，又可为攀援植物的生长创造生物学条件。因此，花架把植物生长和供人休憩两功能结合在一起，是景观中最接近自然的建筑物。

1. 花架的类型

（1）梁架式花架

梁架式花架也就是通常说的葡萄架，先立柱，再沿柱子排列的方向布置梁，在两排梁上垂直于柱列方向开设间距较小的枋，两臂外挑出悬臂。如供藤本植物攀援时，在枋上还要布置更细的枝条以形成网格。

（2）半边廊式花架

这种花架依墙而建，另一半以列柱支撑，上边叠架小枋。它在划分封闭或开敞的空间上更为自如。在墙上也可以开设景窗，设框取景，增加空间的层次和深度，使意境更为含蓄深远。

（3）单排柱花架

单排柱花架仍然保持廊的造园特征，它在组织空间和疏导人流方面，具有同样的作用，但在造型上却轻盈、自由得多。

（4）单柱式花架

单柱式花架又分为单柱双边悬挑花架和单柱单边悬挑花架。单柱式的花架很像一座亭子，只不过顶盖是由攀援植物的叶与蔓组成，支撑结构仅为一个立柱。

（5）圆形（异形）花架

平面由数量不等的立柱围合成圆形或异形布置，形成从棚架中心向外放射状，形式舒展新颖，别具风韵（图 3-28）。

（6）拱门花架

在花廊、甬道上常采用拱顶或门式花架。人行于绿色的弧顶之下，别有一番趣味（图 3-29）。临水的花架，不但平面可设计成流线形，立面也可与水波相应设计成拱形或波折式。部分有顶，部分化顶为棚。投影于地面，效果更佳。

2. 花架的设计要点

花架结构设计要安全，花架设计不宜太高，不宜过粗、过繁、过短，要做到轻巧、简单；盘节悬垂类藤本植物的花架设计应确保植物生长所需空间，四周不易闭塞，除少数做对景墙外，一般均开敞通透；因花架下会形成阴影，这里不宜种植草坪，

可用硬质材料铺砌地面；花架的设计也常常同其他小品相结合，如在廊下布置座凳供人休息或观赏植物景色。半边廊式的花架可在一侧墙面开设景窗。

第三节
墙体和围栏

景观中的墙体包括具有维护和装饰作用的围墙及景墙，还包括具有保持水土作用的挡土墙。墙体是应用于景观环境中的一种构筑形式，在景观中构成坚硬的建筑垂直面，具有视觉功能，可独立成景，并与大门和入口、绿植、灯具、水体等自然环境融为一体。

一、围墙、景墙

在景观小品的设计中，围墙、景墙的主要功能是防护和包围，也有装饰、导引、衬景、丰富景观的作用。围墙既要美观，又要坚固耐久。景墙结合树、石、建筑、花木等其他因素，以及墙上的漏窗、门洞的巧妙处理，形成空间有序、富有层次、

汉代许慎在《说文解字》中就提到："亭，停也，人所停集也。"亭不仅自身具有艺术价值，还可与其他环境要素共同组成供人们聚集的空间，创造环境价值。中国古典园林中廊列覆顶，"宜曲宜长则胜"，"随形而弯，依势而曲"，迂回曲折，逶迤蜿蜒。

图 3-28　圆形花架

图 3-29　拱门花架

图 3-30　混凝土砌块景墙　　　　　　图 3-31　花砖墙　　　　　　图 3-32　砖墙

虚实相间、明暗变化的景观效果。

1.围墙、景墙的分类

（1）混凝土墙

混凝土墙（图 3-30）表面可作多种处理，如一次抹灰、打毛刺、细剁斧、压痕处理、改变接缝形式和削角形式、上漆处理、喷漆贴砖处理、刷毛削刮处理等，以及利用调整接缝可以使混凝土围墙展现出不同风格。此外，混凝土也可用作其他基础的墙体。

（2）预制混凝土砌块墙

预制混凝土砌块墙所使用的材料除混凝土外，还有各种经过处理的混凝土砌块。预制混凝土砌块围墙造价低，在建造一些小型住宅中，也常被用作刷毛削刮围墙、贴面围墙的基础墙体。

（3）花砖墙

花砖墙（图 3-31）是一种以混凝土墙作基础，铺以花砖的围墙。由于花砖本身的品种、颜色、规格及砌法多样，其所筑成的花砖墙形式也复杂多变。

（4）砖墙

砖墙（图 3-32）的砌法有多种，如英式砌法、法式砌法、荷兰式砌法等，当墙体设计高度较高时，通常用混凝土作基础墙。砖墙所用材料除了国产普通黏土砖外，还有澳大利亚进口砖和英国进口古砖等。

（5）石面墙

石面墙是以混凝土作基础，表面铺以石料的围墙。表面多饰以花岗岩，以毛石、青石作不规则砌筑。还有以石料窄面砌筑的竖砌围墙，以不同色彩、不同层面处理的石料，构筑出形式、风格各异的围墙。

2.围墙、景墙的设计要点

（1）线条

线条就是材质的纹理、走向，以及墙缝、墙体的式样。常用的线条有水平划分，以表达轻巧、舒展之感；垂直划分，以表达雄伟、挺拔之感；矩形和棱锥形划分，以表达庄重、稳重之感；斜线划分，以表达方向、动感；曲折线、斜面的处理，以表达轻快、活泼之感。

（2）质感

根据材料质地和纹理所给人的触觉不同（图 3-33），又分为天然和人工的两类。天然质感多用未经打磨的或者粗加工的石料来表达。而人工质感则强调如花岗石、大理石、砂岩、页岩等石料加工后所表达出的质地光滑细密、纹理有致，晶莹典雅中透出庄重肃穆的风格。不同质感的材料所应用的空间环境也有所不同，如天然石料朴实、自然，适用于室外庭院及湖池岸边；而精雕细琢的石材适用于室内或城市广场、公园等地方。

（3）虚实

通而不透、隔而不漏，既有隔断作用，又有漏景作用（图 3-34），墙体镂空形成剪影效果。

（4）混凝土接缝设置标准

伸缩缝间隔在 20 m 以内，防裂切缝在 5 m 以内，砖墙的砂浆勾缝应设计为深灰缝。为避免石墙出现存水现象，应用密封替代砂浆缝，尤其是瀑布等水景附近容易沾水的墙体。

二、挡土墙

挡土墙是防止土坡坍塌，承受侧向压力的构筑物。挡土墙常用砖石、混凝土、钢筋混凝土等材料筑成。

1. 挡土墙室外基本构造

挡土墙用在土壤坡度超过自然安息角（通常为 30°～37°）的高度差突然变化处（图 3-35）。通常情况下，墙体 3°～6° 内倾，结构的选择和设计需要根据用途、场地的土壤和气候特点来决定。墙体必须设置排水孔，一般可沿墙壁的底部每隔 1.8～2.4 m 处设置一个直径为 75 mm 的硬聚氯乙烯管口。同时，墙体内宜敷设合成树脂集水垫和渗水管，防止墙体内存水。钢筋混凝土挡土墙必须设伸缩缝，无钢筋混凝土墙体的设置间隔 10 m，钢筋混凝土墙体的设置间隔为 30 m。同时，

图 3-33　质感

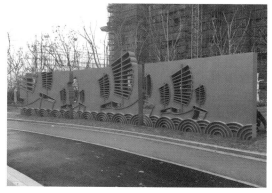

图 3-34　虚实

为防止有筋墙体出现裂缝，应每隔 10 m 设置一条"V"形缝。

2. 挡土墙的设计要点

挡土墙的主要功能是在较高地面与较低地面之间充当泥土阻挡物（图 3-36）。挡土墙比位于两个水平高度地面间的缓坡更节省占地，同时还可以控制地表水的排放。

在墙体上一定间隔距离应设计排水孔，以便使内部的渗透能流出墙体，不会对墙体造成损害。挡土墙作为制约物和空间的边界，可为其他景观小品充当背景，充当建筑物与周围环境的连接体，以及自身设计应具有吸引力。如果混凝土预制块挡土墙的墙面较大，可利用模板工序，将

400 mm×400 mm×30 mm 荔枝面黄金麻
400 mm×100 mm×70 mm 荔枝面黄金麻
240 mm×60 mm×15 mm 红棕色砖(同建筑墙面砖)
600 mm×40 mm×50 mm 荔枝面黄金麻
600 mm×440 mm×100 mm 荔枝面黄金麻压顶
240 mm 宽机砖砌筑

60 mm 厚红棕色卵石散铺
500 mm×400 mm×30 mm 荔枝面黄金麻池底
成品砂岩狮子头喷头

250 mm×500 mm×100 mm
荔枝面黄金麻水池压顶
成品篦子

溢水管
120 mm 厚 C20
钢筋混凝土
内置双层双
向钢筋

补水管
泻水管
100 mm 厚 C10 混凝土垫层

1000
水泵

地圈梁
给水管

种植土
地圈梁
溢水管
补水管
给水管
泻水管

250 750
835
水泵

100
800
2300
1000
400
630
1610
880
100

1140 220 1080 220 895 210
3765

220 1135 220
1575

A剖面图

B剖面图

墙体加工成砌块,砌筑或设计出图案效果。
修筑毛石和条石砌筑的挡土墙要注重砌缝
的交错排列方式和宽度,一般选用直径在
200 mm 以上的石料。

图 3-36 挡土墙

小/贴/士

挡土墙在造型设计上的注意要点

1. 宜低不宜高

高差在 1 m 以内的台地完全可以处理成斜坡台阶,而没有必要做成挡土
墙,斜坡之上种植绿化植物;当高差过大致使放坡有一定的难度时,可在其
下部设台阶式挡墙,上部仍用斜坡过渡,这样既保证了土壤的稳定,同时也
降低了挡墙的高度,节省了工程造价。

2. 宜零不宜整

当台地落差较大时,不可只图施工简单方便而做成单层的整体挡土墙,
为解决这种挡土墙的庞大笨重感,应遵循化整为零的原则,分成多阶层的挡

墙修筑，中间跌落处设平台进行绿化装饰。

3. 宜缓不宜陡

落差较大的台地若设成普通的垂直整体挡墙还有一个缺陷，就是由于人的视角所限，较高的挡墙可产生强烈的压抑感，而且挡墙顶部的绿化空间往往超越人的视点而不可见，若在地形条件许可的情况下，将其做成有一定倾斜角度的斜面挡墙，则可使视野内的景物增加，空间因而更开敞、更明快。

4. 宜曲不宜直

在某些空间环境中，曲线造型比直线造型更能吸引人的视线，展现一种柔和、舒美的感觉。如露天剧场、音乐池座、室外活动场所等，其挡墙便可化直线为曲线或者折线，形成折板、拱形或弧形挡墙台阶，以其动感、流畅的态势迎合特定的环境。

三、围栏

1. 围栏的尺度

围栏要有适宜的尺度，适宜的尺度可使游人倍感亲切。围栏具有明确边界的作用，高度可在 0.2～0.3 m，街头绿地、广场的围栏高度在 0.85～0.9 m，围栏格栅间距 0.15 m，具有较好的防护作用；有危险需保证安全的地方，围栏高度为人的重心线，即 1.1～1.2 m。铁制围栏应用防锈漆打底，用调和漆罩面的色彩要与环境协调，并且不易弄脏。

2. 围栏造型设计与景观环境总体风格保持一致

围栏以其优美的形态来衬托环境，加强气氛及静态的表现力。如北京的颐和园为皇家园林，采用石望柱栏杆，其持重的体量、粗壮的构件，构成稳重、端庄的气氛（图 3-37）。而自然风景区的围栏，常采用自然本色材料，尽量少留人工痕迹，造型上则力求简洁、朴素，以使其与自然环境融为一体（图 3-38）。

图 3-37　石望柱栏杆　　　　　　　　　图 3-38　风景区围栏

3.围栏适度设置

围栏在统一景观中不宜普遍设置,尤其在小块绿地中,要在高度上多加注意(图3-39),应当把防护、分隔作用巧妙地与美化作用结合起来,在不能设置的地方尽量不设,如浇水池、平桥、小路两侧、山坡等,尤其是堆叠假山后再设置围栏,形同虚设,也不美观。

4. 要求坚固

围栏最基本的使用功能为安全防护,若围栏本身不坚固,就失去了实用的意义,而且增加隐患。围栏的立柱要保证有足够的深埋基础和坚实的地基。立柱间距离不可过大,一般在 2~3 m 之间,具体尺寸应根据材料的情况而定。

第四节
桥 梁

桥一般指架设在江河湖海上,使车辆、行人等能顺利通行的构筑物,是人类跨越河山天堑的伟大创造。它丰富、开阔了人们的视野,方便了交通,促进了社会的发展。

44

中国古典园林中的墙体既分隔空间,又围合空间;可分隔大空间,化大为小;又可将小空间串通迂回,小中见大,层次深邃。它的通透、遮障,形成变化丰富、层次分明的景观空间。

一、桥的类型

1. 平桥

平桥(图3-40)外形简洁,多紧贴水面,平面有直线形和曲折形之分,结构有梁式和板式。板式桥适用于较小的跨度,跨度较大的应设置桥墩或柱,上安木梁或石梁,梁上铺桥面板。曲折形的平桥,是古典园林中所特有的,不论三折、五折、七折、九折,通称"九曲桥"。

2. 拱桥

拱桥借拱形的桥身向桥两端的地面推压而承受主跨度的应力(图3-41)。拱桥造型优美,曲线圆润,富有动态感。单拱的桥形如垂虹平卧清波,或似圆月半入碧水,仿佛一座摆放在水面的紧致雕塑。多孔拱桥适于跨度较大的宽广水面,常见的多为三孔、五孔、七孔等。

图 3-40 平桥

图 3-39 围栏高度要合适

图 3-41 拱桥

3. 廊桥

以石桥为基础，加建亭廊的桥，称为廊桥或亭桥（图 3-42），可供游人遮阳避雨，又可增加桥的形体变化。

4. 木栈道

木栈道是景观中最特殊的一类，栈道并不是横跨水面，而是在水的一边或悬崖处，架空或悬吊的道路。近年来为满足人们亲水、观景之需求，常采用软性的材料铺设，并设有阶梯、休息座椅及眺望台等（图 3-43）。

5. 汀步

汀步也就是常说的跳桥。它是置于水中的步石、飞石，是将几个石块平放在水中，供人步行（图 3-44）。由于它自然、活泼，因此常成为溪流、水面的小景。景观中运用这种古老渡水设施，质朴自然，别有情趣。

我国历代能工巧匠所建的桥梁不计其数，流传至今，已成为一种丰富的旅游资源，其中十大名桥广为流传（表3-1）。

图 3-42　廊桥

图 3-43　木栈道

图 3-44　汀步

表 3-1　中国十大名桥

桥名	地理位置	特　征
卢沟桥	北京广安门	建于 1189 年，是一座联拱石桥，长约 265 m，有 240 根望柱，每个柱子上都雕着狮子
广济桥	广东潮州东门外	我国古代一座交通、商用综合性桥梁，也是世界上第一座开关活动式大石桥，有"一里长桥一里市"之说
五亭桥	扬州瘦西湖内	桥基为 12 条青石砌成大小不同的桥墩，桥身为拱券形，由 3 种不同的券洞联合，共 15 孔，孔孔相通，亭亭之间的廊相连
安平桥	福建晋江安海镇	桥面由 7 条大石板铺成，桥头有六角五层砖构宋塔一座，为中国古代最大的梁式石桥，有"天下无桥长此桥"之誉
赵州桥	河北赵县	一座单孔石拱桥，桥面宽 10 m，两侧 42 块模仿板上刻有龙兽状浮雕
风雨桥	广西三江县程阳村边林溪河	为石墩木面瓦顶结构，桥上建塔形楼亭 5 座，可避风雨。整座桥梁不用一根铁钉，精致牢固

桥名	地理位置	特　征
铁索桥	四川泸定县的大渡河	全长136 m，宽3 m，由13根碗口粗的铁链系在两岸的悬崖峭壁上，其中9根并排着的铁链上面铺有木板，就是桥面，另外各2根在桥面两侧，就是扶手。每根铁链重约2 t
五音桥	河北东陵顺治帝孝陵神道上	桥面两侧装有方解石栏板126块，敲击能发出奇妙的声音
玉带桥	北京颐和园	用白石建成，拱圈为蛋尖形，桥面呈双向反弯曲。桥身用汉白玉雕砌，两侧雕刻精美的白色栏板和望柱，有"海上仙岛"的美称
十字桥	山西太原市晋祠内	桥梁为十字形。全桥由34根铁青八角石支撑，柱顶有柏木斗拱与纵、横梁连接，上铺十字桥面

元代诗人马致远在《天净沙·秋思》里描写了"小桥流水人家"，这句词反映出桥与人们的生活息息相关，因而赋予了桥田园般的诗情画意。

二、桥的设计要点

桥的造型、体量与两岸的地形、地貌有关，平坦的地面、溪涧山谷、悬崖峭壁或岸边巨石、大树等都是建桥的基础环境。石板桥宽度在0.7～1.5 m，以1 m左右居多，长度1～3 m不等，石料不加雕琢，仿真自然，可不加或单侧加设围栏。石板桥厚度宜200～220 mm，应加以安全测算。若客流量较大，则并列各加一块石板以拓宽，宽度则在1.5～2.5 m，甚至更大可至3～4 m。为安全起见，一般都加设石栏杆，不宜过高，450～650 mm高即可。

汀步设计基础要坚实、平稳，面石要坚硬、耐磨，多采用天然的岩块，如凝灰岩、花岗岩等，砂岩则不宜使用，也可以使用各种美丽的人工石。石块的形状、表面要平，可做成龟甲形以防滑，忌有凹槽，以防积水和结冰。汀石布石的间距，应考虑人的步幅，中国人成人步幅为560～600 mm，石块的间距可为80～150 mm，石块不宜过小，一般应在400 mm×400 mm以上，汀石表面高出水面60～100 mm。置石的长边应与前进方向相垂直，这样可给人一种稳定的感觉。宽广的水面或水势急湍，则易建体量较大、较高的桥；水面较窄且水势平静，宜建低桥、小桥，有凌波微步之感；涓涓细流，宜建紧贴水面的汀步；在平静的水面建桥应取倒影，或拱桥或平桥，均应与倒影效果联系起来。

第五节
案例分析：现代古典主义风情的庭院环境

现代古典主义风情的景观环境中，从外部可看出整个项目的建筑外形硬朗、高耸挺拔、色带温暖且沉稳，景观小品设计的风格延续建筑设计的风格，结合场地等现有条件，用现代自然、富有装饰主义

图 3-45　园路铺装

图 3-46　园区道路

图 3-47　入户大门

图 3-48　防腐木构造

的手法打造整个项目景观（图 3-45～图 3-52）。

　　幽静的园路两旁植物郁郁葱葱，高矮错落的乔木和灌木不仅美化了整个空间，同时作为隐形庭院保障了园区的私密性。在抬高的庭院中，景墙伴随着绿植让整个空间变化更加丰富。防腐木材构造可使小品延长使用年限。消防通道也在满足消防功能的同时做隐形处理，以美化的方式展现在整个园区内。

　　浅水池上点缀着小涌泉，顺水系上的汀步穿越至休闲区，大大的遮阳伞遮住了正午的太阳。沿建筑后的疏林草坪漫步，周围的高大乔木和灌木将眼前的景观组合成一幅饱满的风景画。近流水庭院，整石堆砌在一起，流水拾级而下，四周石材堆砌并伴着跌水，每一石材上的流水槽都设计得整齐圆润，让水柱自然垂下。配合周围的绿植和建筑掠影，显示出新装饰主义的古典风情。

图 3-49　雕塑小品

图 3-50　山石堆砌

图 3-51　庭院水景

图 3-52　乔灌木对植

思 考 与 练 习

1. 构筑小品在景观设计中有什么作用?

2. 景观构筑小品主要有哪些类型?

3. 不同的构筑小品在特定的环境中有什么作用?

4. 联系实际,谈谈景观设计中的复廊结构。

5. 仔细观察生活的构筑小品并收集、整理、探讨其设计方法。

6. 收集构筑小品的资料或者图片,在 A3 纸上绘制出平面图、立面图、剖面图及详细的尺寸材料标注(比例自定)。

第四章
自然景致设计

学习难度：★★☆☆☆

重点概念：绿化小品　水景　山石构造

章节导读

自然景致设计（图4-1）是指本身没有使用功能而纯粹以观赏和美化环境、点缀景致为目的的小品，如绿化小品、水景、山石等。自然景致构成的小品可丰富景观空间，渲染环境气氛，增添空间情趣，陶冶人的情操，在环境中表现出强烈的观赏性和装饰性。

图4-1　自然景致

第一节
绿 化 小 品

绿化小品是景观小品中最具生命力的一种元素，它不仅带给人们视觉上美的享受，更能够改善城市环境，发挥良好的生态功能。人们渴望自然，喜欢亲近自然，因而，在对户外景观小品的规划设计中，不可避免要有绿化小品的存在。绿化小品以其独特的观赏特性、四季分明的特点、鲜艳多变的色彩、千姿百态的形态等优势，

美化了城市环境，对人们的心理和生理健康也起到了重要的作用。

一、绿篱

绿篱又称植篱、生篱，在景观设计中较为常用。在景观环境中利用小乔木或灌木成行密植且修剪整齐的篱垣，充当篱笆、围栏等作用，因此被广泛称作绿篱（图4-2）。它主要用于分隔空间、屏障视线或起防护作用，也可将其设计成专门的景点，如迷园等（图4-3）。

图4-2　绿篱

图4-3　迷园

1.绿篱的分类

根据植物材料的高度，通常将绿篱分为矮篱、中篱、高篱三种类型（表4-1）。由于绿篱高度的不同，其景观功

能也有所不同，在植物材料的选择上也有所区别。当绿篱的高度达到1.8 m以上，就会形成绿墙，它可以代替实体墙体而存在，用于空间的划分和围合。

表4-1　绿篱的类型

分类	功能特点	材料
矮篱	形成边界、构成图案。植株矮小，通常具有较强的观赏价值	有木本和草本多种，月季、黄杨、六月雪、千头柏、万年青、彩叶草、紫叶小檗、杜鹃、一串红等
中篱	分隔空间、组织人流、美化景观，园林中应用最多。枝叶繁茂，观赏效果好	栀子、含笑、火棘、海桐、木槿、变叶木、红桑、金叶女贞、小叶女贞、山茶等
高篱	遮挡视线、防尘、防噪音、分隔空间、形成背景。植株较高，群体结构紧密，质感强	桧柏、大叶女贞、冬青、锦鸡儿、榆树、紫穗槐、珊瑚树

2. 常用的造景方式

（1）独立成景

西方园林中常通过对绿篱的整形修剪，构成一定的图案花纹，以突出整体之美，从而形成构图中心和独立的景观。此外，迷园也是绿篱独立成景的一种表现形式，通过采取特殊的种植方式构成专门的景区，因其内部道路似迷宫般迂回曲折，而被称为"迷园"。

（2）作为背景植物

从传统的做法来看，绿篱通常用于空间的分隔和维护，多出现于街道、小径等道路的两侧或广场，以及草坪的边缘（图4-4）。随着现代园林景观的发展，绿篱在景观中的作用也更加广泛，常用作花坛、花境、雕塑、喷泉及其他景观小品的背景，养护时要求将绿篱修剪成一定的高度，选择植物时多选择常绿、深色调的植物。

（3）突出水池、场地或建筑等的外轮廓线

绿篱分隔和形成空间的作用最为明显，在园林景观设计中，常利用绿篱沿线配置，以此来强化场地的领域性，烘托水池的轮廓或强调、衬托建筑及花坛等的边界（图4-5）。

（4）形成障景或透景

绿篱，尤其是具有遮挡作用的高绿篱，可以作为景观环境中一些不美观的物体或因素的屏障（图4-6）。常用的方法是在不雅物之前，栽植较高的绿墙，并强调绿墙的美观，使绿墙本身成为美丽的景观。透景是园林中常用的一种造景方式，它多依靠高大乔木形成的冠下空间，形成一条透景线，以此实现景观之间的相互渗透（图4-7）。那么在设置绿墙的时候，也可通过一定的修剪造型，达到透景的作用。

图 4-4　绿篱作为背景植物

图 4-5　绿篱起衬托作用

图 4-6　障景

图 4-7　透景

图 4-8　绿雕造型（一）

图 4-9　绿雕造型（二）

图 4-10　绿雕植物搭配

二、绿雕

　　绿雕即绿色雕塑，是以植物为原材料，通过摘心、修剪、缠绕、牵引、编制等园艺整枝技术或特殊的栽种方式，实现雕塑造型和花卉园艺完美结合的雕塑艺术作品，被誉为世界园林艺术的奇葩。它利用植物材料的立体造型，表达一定的主体

内涵，并形成一个个具有生命力、充满生机、赏心悦目的植物雕塑。由于选材不同，绿雕有时也被称作树雕或花雕。

1. 绿雕的造型设计

　　修剪花园始于罗马，而后开始在西方园林中盛行。最初，园林中最常见的是以单株树木简单造型为主的树雕或者以动物为造型的修剪花园，后来，随着园林景观和园艺技术的发展，绿雕技术得到了极大的发展和推广。绿雕造型开始从简单的花篮式造型法阵变化为复杂的建筑物、园林等构筑物，甚至表达故事场景等造型，骨架结构也从最初的砖砌结构发展到钢木结构，绿雕造型多变，丰富而细腻，并传达出一定的思想主题和故事情节（图 4-8、图 4-9）。

2. 绿雕的设计要点

（1）设计构思

　　绿雕设计不同于一般的平面绿化，它既要直观表达主题、寓意深刻，又要体现植物雕塑的文化内涵和独特创意。除了视觉美观、主题突出等方面的要求之外，构思设计还应考虑绿雕的固定方式和植物材料的覆盖与应用（图 4-10）。

（2）骨架植物

　　按照设计图的形象、规格做出相应的骨架，骨架的制作材料有木头、砖或钢材等，现多用钢材构架来完成。在构架上填充培养土，并完成培养土的固定，一般用蒲包或麻袋、棕皮、无纺布、遮阳网、钢丝网等将培养土包固定在底膜上，然后再用细铅线按一定间隔编成方格将其固定。

　　骨架植物的栽植方式有两种：一种是

插入式栽植，即栽植时将蒲包戳一个小洞，然后将小苗插入，注意苗根舒展，用土填压严实；另一种是绑扎式栽植，即将已孕蕾的花苗脱盆，去掉多余的盆土后用棕片或无纺布将根包好，放入骨架绑扎牢固。

（3）植物的选择原则

① 要求以枝叶细小、植株紧密、耐修剪的观叶和观花植物为主。枝叶粗大的材料不易形成精美纹样，尤其不适合使用在小面积造景中。

② 要求以生长缓慢的多年生植物为主，如金边过路黄、半柱花和矮麦冬等。同时，可选植株低矮、花小而密的花卉作图案的点缀，如四季海棠、孔雀草等。

③ 要求植株的叶形细腻，色彩丰富，富有表现力。如暗紫色的小叶红草、玫红色的玫红草、银灰色的芙蓉菊、黄色的金叶景天等。

④ 要求植株适应性强。由于绿雕改变了植物原有的生长环境，为了在短时间内达到最佳的观赏效果，就要求植物材料容易繁殖，病虫害少，例如朝雾草、红绿草等。

巨型大树

目前，在新加坡滨海湾公园中出现了18颗"巨型大树"，这些大树并没有普通绿雕那么高的绿化覆盖率，但其作为一种独特的植物小品，很好地结合了雕塑造型和园艺技术，不失为现代化技术风格下对绿雕设计的一种新尝试。

该组大树景观的构思源于要创建一个"哇"的概念，展现新加坡"城市花园"的特点，创造一个惊人的热带花园，并能够展现先进的园林艺术，实现尖端环境设计和可持续发展。大树的高度从25 m到50 m不等，18棵大树成为整个园中标志性的垂直花园，上面装饰特色植物。在白天，大树和上面的天棚可以为游客提供阴凉处，帮助调节温度。在夜间，天棚里面安装的各种特殊照明灯具和投射媒介奇光异彩，呈现出别具一格的迷人景象，这些大树中的11棵树装有太阳能电子板，用来吸收太阳能发电，供灯具照明，以及为冷却室内温度的供水设备供电。

三、花坛

花坛是在一定范围的畦地上按照整形式或半整形式的图案栽植观赏植物，以表现花卉群体美的园林设施。在具有几何形轮廓的植床内，种植各种不同色彩的花卉，运用花卉的群体效果来表现图案纹样或绚丽景观，以突出色彩或华丽的纹样来表示装饰效果（图4-11、图4-12）。

1. 花坛的分类

以花坛表现主题内容不同进行分类是花坛最基本的分类方法（表4-2）。

2. 空间形式

平面花坛的表面与地面平行，主要观赏花坛的平面效果，包括沉床花坛或稍高出地面的平面花坛。高设花坛由于功能或景观的需要，常将花坛的种植床抬高，也称花台。斜面花坛表面为斜面，与前两种花坛形式相同，均以表现平面的图案和纹样为主，设置在斜坡、阶梯上，有时展览会上也会出现斜面花坛。立体花坛不同于前面几种表现平面图案与纹样的花坛形式，它以表现三维的立体造型为主题。

3. 摆放要素

花坛中的内侧植物要略高于外侧，由内而外，自然、平滑过渡。若高度相差较大，可以采用垫板或垫盆的办法来弥补，使整个花坛表面线条流畅；用于摆放花坛的花卉不拘品种、颜色的限制，但同一花坛中的花卉颜色应对比鲜明，互相映衬，在对比中展示各自夺目的色彩。同一花坛中，避免采用同一色调中不同颜色的花卉，若一定要用，应间隔配置，选好过渡花色；花坛摆放的图案，一定要采用大色块构图，在粗线条、大色块中突显各品种的魅力。采用简单、轻松的流线造型，有时可以得到令人意想不到的效果。此外，在花坛摆放中还可采用绿色的低矮植物作为衬底，

图 4-11 花坛（一）

图 4-12 花坛（二）

表 4-2 花坛的分类

序号	分类	形式特点
1	花丛花坛	用中央高、边缘低的花丛组成色块图案，以表现花卉的色彩美
2	模纹花坛	主要观赏精致、复杂的图案纹样，植物本身的个体或群体美居于次位
3	标题花坛	用观花或观叶植物组成具有明确主题思想的图案
4	立体花坛	以枝叶细密、耐修剪的植物为主，种植于有一定结构的造型骨架上，从而形成的造型立体装饰，如卡通形象、花篮或建筑等
5	混合花坛	由两种或两种以上类型的花坛组合而成

通过摆放不同品种、不同色块营造出花坛景观的立体感。

四、花台

1. 花台的分类

从造型特点上来看，花台可分为规则式和自然式两种。

（1）规则式花台

规则式花台常用于整齐的道路一侧、广场、墙垣等规整的空间（图 4-13）。

（2）自然式花台

自然式花台平面形状各异，非几何形状，由山石、木材、混凝土等材料砌筑而成（图 4-14）。

2. 花台的设计

花台的花材选择与花坛的相似，由于面积较小，一个花台内通常只选用一种植物，根据功能和景观需求，选择不同的植物材料。如设置于建筑基部、墙垣的花台常栽植常绿灌木，以形成长久的绿色景观；设置于台阶、坡道两侧的花台可选择色彩艳丽、花繁叶茂的花卉，观叶植物或垂枝植物。

五、花钵

花钵是种花用的摆设器皿，其形状为口大底端小的倒圆台或倒棱台，质地多为砂岩、泥、瓷、塑料及木制品。

1. 花钵的分类

目前，种植花卉的花钵形式多样、大小不一。花卉生产者或养花人士可以根据花卉的特性及花盆的特点选用花钵。

图 4-13　规则式花台

图 4-14　自然式花台

（1）砂岩花钵

砂岩花钵（图 4-15）是用细砂岩雕刻制成的，颜色多样，是花钵里面材质最好的一种，表面可以做效果。它具有轻巧、美观、不易碎的特点。

（2）紫砂盆花钵

紫砂盆花钵（图 4-16）又称陶盆花钵，其制作精巧，古朴大方，多为紫色，规格齐全，但其透水、透气性能不及瓦盆。它用于栽植喜湿润的花木，也可用作套盆。

（3）瓷盆花钵

瓷盆花钵（图 4-17）由瓷泥制成，外涂彩釉，工艺精致，洁净素雅，造型美观。缺点是排水透气不良。多用作瓦盆的套盆，用来装点室内或展览花卉。

图 4-15　砂岩花钵

图 4-16　紫砂盆花钵

图 4-17　瓷盆花钵

图 4-18　釉陶盆花钵

（4）釉陶盆花钵

釉陶盆花钵是在陶盆上涂以各色彩釉，外形美观，形式多样，但排水透气性差，多用作盆景用盆（图 4-18）。

（5）水盆花钵

水盆花钵盆底没有水孔，形式多样，用来培养水仙等水培花卉。

2. 花钵的选择

选择花钵时，还应注意大小、高矮要合适。花钵过大，就像瘦子穿大衣服，影响美观，且花钵大而植株小，植株吸水能力相对较弱，浇水后，盆土长时间保持湿润，花木呼吸困难，易导致烂根。花钵过小，显得头重脚轻，而且影响植株根部发育。

选择花钵的大小、高矮时，可从三个方面考虑：花钵盆口直径大体要与植株冠径相衬；带有泥团的植株放入花钵后，花钵四周应留有 20 ～ 40 mm 空隙，以便加入新土；不带泥团的植株，根系放入花钵后，要能够伸展开来，不宜弯曲，如果主根或须根太长，可作适当修剪，再种到钵里。

3. 花钵的设置方式

花钵的设置方式有多种，除了直接坐落在地上之外，花钵还通常有立柱支撑。有立柱支撑的花钵，立柱不宜过高，高度应保持在 600 ～ 900 mm，总体高度控制在 1.3 m 以内，以免影响人们的视线，妨碍人们正常观赏。

六、花境

花境，又称花径、花缘，是绿化小品中最具自然特征的一类，它模拟自然界中林地边缘多种野生花卉交错生长的状态，从而造就了自然野趣、山花烂漫的景观效果。它多栽植在道路两旁、草地边缘、树丛前侧、绿篱边缘、建筑物或墙垣基部，呈长条形带状分布。

1. 花境的分类

（1）单面观赏花境

单面观赏花境（图 4-19）仅供一面观赏，常以建筑物、矮墙、树丛、绿篱等为背景，植物配植上前低后高，前面为低矮的边缘植物，后面是较为高大的远景植物，并与其后的背景相得益彰。

（2）双面观赏花境

双面观赏花境（图 4-20）不需要背景的衬托，多设置于草坪上、道路边缘、树林之下，其设计形式灵活，对背景没有要求，主要强调花境两面均可观赏。

（3）对应式花境

布置在园路两侧、建筑物两边或草坪开阔地的双面观赏花境，因具有强烈的对称性，被称为对应式花境（图 4-21）。

2. 花镜的设计要点

（1）平面设计

花境注重的不是绿化而是美化，不仅要体现植物本身的自然美，还应使花境的平面设计构图美观。常见形状呈带状布局，在线条设计上应讲求一定的曲折，自然流畅，富于变化，以此来柔化建筑墙体坚硬的线条。花境有时不依靠背景墙而独立存

图 4-19 单面观赏花境

图 4-20 双面观赏花境

图 4-21 对应式花境

在，形成一定的图案或花纹，构成独立的观赏主体，形成视觉焦点（图 4-22）。

（2）花材的选择

① 强调观赏性。花境用材要具有明显的观赏性，要求色彩丰富、形态优美、环境适应性强，且花期和观赏期较长，常采用不需要经常更换的多年生花卉或灌木。

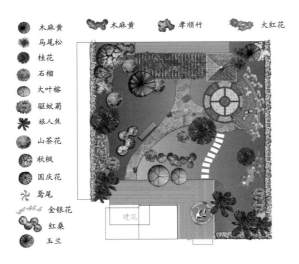

图例：
木麻黄　马尾松　桂花　石榴　大叶榕　驱蚊菊　旅人蕉　山茶花　秋枫　国庆花　鸢尾　金银花　红桑　玉兰

木麻黄　　孝顺竹　　大红花

建筑

图 4-22　花境平面设计

② 常用花材。如美人蕉、郁金香、萱草、月季、鸢尾、石竹、玉簪、鼠尾草、大花飞燕草、荷兰菊等花卉被广泛用于花境营造，尤其是郁金香，经过园艺家的栽培，品种多样，色彩艳丽，作为优良的花

境植物，深受人们的欢迎。而为了维持长久的观赏效果，常常会将常绿灌木和落叶型的花卉品种搭配使用。

（3）立面设计

花境设计要讲究良好的立面效果，充分展现植物的自然美和群体美，要求在选择植物材料时应认真考虑植株的高度，使花境内植株高低错落、层次分明，同时还应该考虑植株的株型、花序、质感等观赏因素，创造出丰富美观的立面效果（见图4-23）。

（4）色彩设计

色彩也是影响花境外观的一个很重要的因素，在进行植物选配的时候，应巧妙利用植株色彩之间的对比、协调和变化等规律，发挥植物色彩引人入胜的特性，同时还要考虑与空间性质和周边环境相协调。

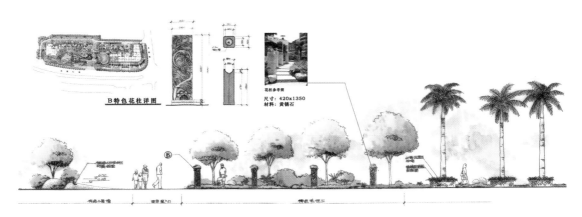

B特色花柱详图

花柱参考图
尺寸：420x1350
材料：黄锈石

图 4-23　花境立面设计

道路上布置花境有以下三种形式：

1. 在道路中央布置的两面观赏花境，道路的两侧可以是简单的草地和行道树，也可以是简单的绿篱和行道树；

2. 在道路两侧，每边布置一列单面观赏的花境，这两列花境必须成为一个整体构图；

3. 在道路中央布置一列双面观赏的花境，道路两侧应布置单面观赏花境。

小／贴／士

七、花池

花池的种植床稍高于地面，通常由砖石、混凝土、木头等围护而成，高度一般低于 0.5 m，有时低于自然地坪。花池内部布置灵活，可以填充土壤直接栽植花木，也可放置花卉。

1. 花池的类型

（1）草坪花池

草坪花池指修剪整齐而均匀的草地，边缘稍加整理，或布置雕像、装饰围栏等（图 4-24）。

（2）花卉花池

花卉花池是以栽种花卉植物为主，以展现花卉的色彩美、群体美，或形成一定的图案和花纹（图 4-25）。

（3）综合花池

综合花池是指结合了草皮和花卉种植的花池。

2. 花池的设计要点

① 花池设计往往要根据园林景观的

图 4-24　草坪花池

图 4-25　花卉花池

风格来确定饰面材料和造型线条的样式。

②　花池结合地形高差、平面形状、自身造型、饰面材料等可以营造出丰富多样的形式。

③　较长的台阶或坡道旁边的花池通常应根据高差做斜面或跌级设计，花基通常应高出地面。

④　自然放坡距离不足又希望尽量降低挡土墙高度时，常用跌级花池来处理高差。

小／贴／士

丹麦 KPMG 公司总部入口处的绿地采用三角形草坪花池形成了一个个金字塔形状，既与建筑屋顶的处理相协调，又恰当地补充了建筑外墙的设计边缘。IVC Real Estate 为某住宅中设计的花池，采用曲线形的造型，柔化了建筑坚硬的墙角，也顺应了道路的布局形式，曲线形的设计柔美温和，符合住宅区轻松愉快的景观需求。

八、树池

当在有铺装的地面上栽种树木时，应在树木的周围保留一块没有铺装的土地，通常把它叫树池或树穴。

1. 树池的类型

（1）依据树池的造型结构划分

从树池的造型结构上看，有砌筑树池（图 4-26、图 4-27）、移动树池

图 4-26　砌筑树池

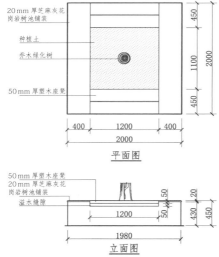

图 4-27　砌筑树池平立面设计图

（图 4-28、图 4-29）、盖板树池（图 4-30、图 4-31）等类型。

（2）依据树池的处理方式划分

① 软质处理。软质处理是指采用草皮或低矮地被植物种植在树池内，以此来覆盖树池表面的方式。

② 硬质处理。硬质处理是指使用铁艺等硬质材料架空，铺设树池表面的方式。

③ 软硬结合处理。软硬结合处理是同时使用硬质材料和植物材料对树池进行覆盖的方式，通常考虑休息的需要，结合座凳进行设计。

图 4-28　移动树池

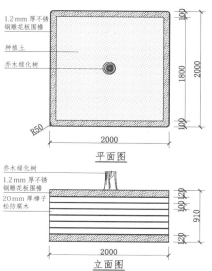

图 4-29　移动树池平立面设计图

图 4-30　盖板树池

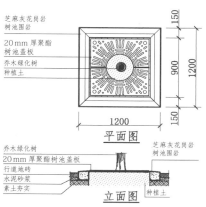

图 4-31　盖板树池平立面设计图

2. 树池的设计要点

（1）功能设计

① 入口点景。树池最广泛应用于城市各类人行道上，多采用树篦覆盖于树池表面，其次主要应用于城市广场、小游园、居住区、公园及风景区等处的入口或休息区（图4-32）。入口处设置的树池有效地引导了人流，并起到了一定的视线阻隔作用，是公园、景区等入口空间常用的设计手法，休闲广场上由树池行列式布局形成的树阵，为人们的休息停留提供了良好的空间。

② 独立成景。树池景观还可以作为空间的主体，形成独立的景点，尤其是在城市广场空间中，为了创造一定的生态空间，又能满足人群正常通行和休息，通常会采用树池的设计来划分广场空间（图4-33）。

（2）尺寸设计

树池尺寸的确定应保证乔木正常生长标准。对于城市人行道上的树池，一般保持在（12～15 m）×（12～15 m）；而布置于其他休闲场所的树池，尺寸要求相对灵活，宽度通常为0.8 m，具体还应根据所栽植树种的规格、生长状况，结合景观需要来确定，树池高度以不超过0.6 m为宜，过高易造成压抑感。

（3）细部设计

树池细部设计的重点在于细部样式和饰面设计，精美的细部样式可以提升树池的观赏性和艺术价值，带有文化特征的细部样式还能反映地方文化，体现审美价值（图4-34）。大树底下好乘凉，树池除了作为景观之用，还承担着一定的休息功能，因而饰面材料宜选择导热慢、舒适度较高的木材，以方便人们停留歇息。由于考虑到木材的耐久性，树池设计常将硬质材料与木材相结合处理。

明度和色阶

植物的叶、花、果都存在近似的色调，几种植物相配，也要求将近似的颜色组合在一起。太阳光谱上的6种正色（又称标准色、饱和色）及6种中间色是色彩的12个基本色相。它们中的任何一种色相与黑色或白色相混变深变淡，这种不同的深浅为我们常说的明度和色阶。

图4-32 入口点景

图4-33 独立成景

图4-34 树池细部

植物种植容器的设计要点

小／贴／士

1. 花盆的尺寸应适合所栽种植物的生长特征，有利于根茎的发育，一般可按照以下标准选择：花草类盆深 200 mm 以上，灌木类盆深 400 mm 以上，中木类盆深 450 mm 以上。

2. 花盆用材，应具备一定的吸水保温能力，不易引起盆内过热和干燥。花盆可独立摆放，也可成套摆放，采用模数化设计能够使单体组合成整体，形成大花坛。

3. 花盆用种植土，应具有保湿性、渗水性和蓄肥性，其上部可铺撒树皮屑作覆盖层，起到保湿、装饰作用。任何种植容器都必须做通畅的排水渠道。

4. 树池深度至少深于树根球以下 250 mm。

5. 树池算应选择能渗水的石材、卵石、砾石等天然材料，也可选择具有图案拼装的人工预制材料，如铸铁、混凝土、塑料等。这些种植穴宜做成格栅装盖板，并能承受一般的车辆荷载。

第二节
水景构造

水景设施是用来塑造水景并为其在水中进行活动而使用的设施。在现代景观小品设计中，水是重要的造景元素，在空间中能够起到画龙点睛的作用，提升整个空间环境的品质和观赏价值。水景的塑造有赖于水景设施的设计，而水景设施作为一种实用、装饰的艺术品，它本身具有很高的审美价值，同时也可以形成空间环境的焦点，在突出主景、营造空间氛围、提高空间灵性方面起着重要作用。

一、不同水体的特征及设计要点

1. 湖

湖属于静态的水体，有天然湖（图4-35）和人工湖（图 4-36）之分。湖的特点是水面宽阔平静，具有平远开阔之感。此外，湖还有较好的湖岸线及周边的天际线，"碧波万顷、渔鸥点水、白帆浮动"是对湖的特色描绘。

湖的设计要根据造景需要，充分利用湖的水景特色；湖岸处理要讲究"线"形艺术，湖面忌"一览无余"，应采取多种手法组织湖面空间。可通过岛、堤、桥、舫等形成阴阳虚实、湖岛相间的效果，使湖面富于层次变化。开挖人工湖要视基址情况巧作布置，湖的基址宜选择壤土、土质细密、土层厚实之地，不宜选择过于黏质或渗透性大的土质为湖址。

2. 水池

水池是静态水体，景观中常以人工池出现，其形式多样，可由设计者任意发挥。

图 4-35　天然湖

图 4-36　人工湖

一般而言，池的面积较小，岸线变化丰富且具有装饰性，水较浅，以观赏为主，现代景观中的流线形抽象式水池更活泼、生动，富于想象。

（1）水池的分类

① 按设计形态分为自然式水池（图4-37）和规则式水池（图4-38）。自然式水池追求弯曲流畅的线条，营造自然野趣的水景效果，多用于城市绿地中。规则式水池强调的是几何形式的变化与组合，营造规律、整齐的水景效果，多用于广场、居住区、园区入口等硬质铺装地。此外，自然式人工池装饰性强，要很好地组合山石、植物及其他饰物，使水池融于环境之中；规则式人工池往往需要较大的欣赏空间，要结合雕像、喷泉共同组景。

② 按设计用途，可将人工水池分为

生态池（图4-39）和景观池（图4-40）两种。生态池可以养殖鱼类或栽植水生植物造景，在水池选材方面，一般用卵石、河砂、土壤、混凝土表面作为池底，池边用土、卵石等围合，或选用各类砖石作为水池镶边。景观池则是以欣赏水面为主的浅水池，池壁和池底都是可以精心设计的部分，在水池选材方面，更加注重观赏性，强调硬化效果，所以多采用花岗岩、瓷砖、文化石、马赛克等作为贴面，池底的材料采用卵石、瓷砖等，可增加观赏效果。

（2）水池的设计要点

① 人工水池通常是园林构图的中心，一般可用在广场中心、道路尽端，以及与亭、廊、花架、花坛组合，形成独特的景观。

② 水池布置要因地制宜，充分考虑景观设计现状，大水面宜用自然式或混合

图 4-37　自然式水池

图 4-38　规则式水池

式，小水面更宜规则式，尤其是单位庭院绿地。此外，还要注意池岸设计，做到开合有效、聚散得体。

③ 因造景需要，在池内养鱼或种植花草，应根据植物的生长特性配置，植物种类不宜过多。水池深浅依植物的生长特性而定。

3. 溪涧

溪涧（图 4-41）是模拟自然界溪流、连续的带状动态水体。溪浅而阔，水沿滩泛漫而下，轻松愉快，水量充沛，水流湍急，扣人心弦。溪涧的基本特点：水面呈曲折狭长的带状，有明显的宽窄对比，溪中常设挡水石、汀步（图 4-42）、小桥等。

溪涧的设计要点如下。

① 景观中溪涧的设计讲究师法自然，平面上要求蜿蜒曲折、对比强烈，立面上要求有缓有陡、空间分隔、开合有序，整个带状游览空间应层次分明、组合合理、富于节奏感。

② 布置溪涧，多是在瀑布或涌泉下游形成的，溪岸高低错落，充分利用水姿、水色和水声。在平坦基址上设计溪涧有一定难度，但通过一定的工程措施也可再现自然溪流。

③ 通过溪水中散点山石能创造水的流态：流水清澈晶莹，且多有散石净砂，配以绿草翠树，方能体现水的姿态和声响。

④ 可设计沼泽植物过渡区，间养红鲤供观赏。

⑤ 坡度设计根据地理条件及排水要求而定。普通溪涧坡度宜为 0.5%，急流

图 4-39　生态池

图 4-40　景观池

图 4-41　溪涧

图 4-42　汀步

67

图 4-43　天然瀑布

图 4-44　人工瀑布

处为 3% 左右，缓流处不超过 1%。溪涧宽度宜在 1～3 m，溪涧水深一般为 0.3～1 m。溪涧分为可涉入式 和不可涉入式：可涉入式水深应小于 0.3 m，以防止儿童溺水，同时水底应做防滑处理；不可涉入式水深超过 0.4 m 时，应在溪涧边做好石栏、木栏、矮墙等防护措施。

4. 瀑布

瀑布分为天然瀑布和人工瀑布。天然瀑布（图 4-43）是由于河床陡降形成落水高差，水经陡坎跌落，形成千姿百态、优美动人的壮观景色。人工瀑布（图 4-44）是以天然瀑布为蓝本，通过工程手段修建的落水景观。

（1）瀑布的景观特征

水流经过的地方常由坚硬扁平的岩石构成，瀑布口多为结构紧密的岩石悬挑而出，上游积聚的水流至落水口倾泻而下，堰口的形状和光滑度影响到瀑布水态及声响，瀑身是观赏的主体，瀑布落水后接承水潭，潭的周围有被水冲蚀的岩石和散生的湿生植物。

（2）瀑布设计要点

瀑布设计必须有足够的水源作为保证，瀑布设计要与环境相协调，瀑身设计要注意水态景观。不宜将瀑布落水作等高、等距或一直线排列，要使流水曲折、分层分段流下，各级落水有高有低。石头接缝要隐蔽，不露痕迹；瀑布堰口处理是瀑布造型的关键，为保证瀑布效果，要求堰口水平光滑。可在堰唇采用青铜或不锈钢；增加堰顶蓄水池水深；在出水管口处加挡水板、降低流速等方法可以保证较好的出水效果。

5. 跌水

跌水是指水流从高向低呈台阶状逐级跌落的动态水景（图 4-45）。在地形坡面陡峻，水流经过时容易对无护面措施的下游造成激烈的冲刷，在此处设计跌水，可减缓对地表的冲刷，同时也形成了极具韵味的落水景观。

图 4-45　跌水

多级跌水

多级跌水由进水口、胸墙、消力池及下游溪流组成。进水口是经供水管引水到水源的出口，应通过某些工程手段使进水口自然化，如配饰山石。胸墙也称跌水墙，它能影响到水态、水声和水韵。胸墙要求坚固、自然。消力池即承水池，其作用是减缓水流冲击力，避免下游受到激烈冲刷。消力池长度也有一定要求，应为跌水高度的1.4倍。连接消力池的下游溪流应根据环境条件设计。

（1）跌水的主要形式

跌水景观在当前的园林中应用广泛，形式丰富，造型多变。常见的跌水景观有垂直落水、层叠落水、沿壁滑落等形式。水形的立面变化是其主要的表现形式，有线状、点状、帘状、片状、散落状，主要受落差高低、水流量以及出水口的形状等方面的影响。

（2）跌水的设计要点

设计跌水首先应分析地形条件，重点考虑地势高差变化、水源情况及周围景观空间等，其选址应为易被冲刷或景致需要的地方。水量大，落差单一时，可选择单级跌水；水量小，地形具有台阶状落差时，可选择多级跌水。跌水设计要将泉、溪涧、水池等其他水景结合起来考虑。

6. 喷泉

喷泉（图4-46）是由压力水喷出后形成的各种动态水景，起到装饰和渲染环境的作用。喷泉有天然喷泉和人工喷泉之分。喷泉设计主题各异，一般与规则喷水池及各式各样的雕塑相结合。

（1）喷泉的分类

① 壁泉。壁泉（图4-47）是指水从墙壁、石壁和玻璃板上喷出，顺流而下，形成水帘和多股水流。如用砖石砌成的参差不齐的墙面，由于墙面的凹凸变化，水由墙面的各个缝隙流出，就会产生动听的

图 4-46　喷泉

图 4-47　壁泉

图 4-48　涌泉

图 4-49　跳泉

图 4-50　雾化喷泉

图 4-51　雕塑喷泉

声响；若要形成完整的水帘效果，则需要增加水的压力，避免水流紧贴墙面，使水帘与墙壁形成空隙。壁泉多用于广场、小区入口处、景墙处、庭院灯环境中。

② 涌泉。涌泉（图 4-48）是指水由下向上冒出，不会形成较高喷射的水景。涌泉高度为 0.6 ~ 0.8 m，源源不断，喷涌而出，能够形成丰富的白色泡沫，极富动感，可以设置在静水环境中来渲染气氛，也常常与步道、景墙、雕塑等结合使用。涌泉也是广场、小区、水池、庭院环境中常见的水景形式。

③ 跳泉。跳泉（图 4-49）是一种高科技水景艺术，在计算机的控制下，喷出的水流分毫不差地落在地面的受水孔中，由此实现了从一个水坛跳跃到另一个水坛，在跳跃的过程，水流形成一条条或者一串串晶莹剔透的水段，水段长度、出水的速度及跳跃时间可以调节变化。该水景动态性强，极具趣味性，可以营造欢快活泼的水景，主要适用于酒店、购物中心、银行、小区等处的广场环境中。

④ 雾化喷泉。雾化喷泉（图 4-50）由多组微孔喷泉组成，水流通过微孔喷出，看似雾状，多呈柱形和球形，利用特别的喷雾喷头，喷出雾状水流，将少量水喷洒

图 4-52 组合喷泉

图 4-53 旱喷泉

到大范围空间内，造成雾气蒙蒙的效果。当有灯光或阳光照射，可呈现彩虹当空的景象。

⑤ 雕塑喷泉。雕塑喷泉（图 4-51）指的是水借助形态各异的雕塑喷流而出，具有抽象性的雕塑赋予水景一定的意义。

⑥ 组合喷泉。组合喷泉（图 4-52）将各种喷泉形式进行组合搭配，喷水形式丰富多样，可以形成一定的规模，造就有气势、层次丰富的喷泉或彩色音乐喷泉。

⑦ 旱喷泉。旱喷泉（图 4-53）又叫旱地泉，也是当前园林景观中常见的水景形式。旱喷泉不需要储水池，喷射设备放置在地下，喷头和灯光均设置在盖板下端，喷水时，水柱通过盖板箅子或花岗岩铺装孔喷出，而后流下落到广场硬质铺装上，沿地面坡度排出。旱喷泉不占休闲空间，给人们提供观赏乐趣，不喷水时，不影响交通和人群活动；喷水时，更具亲水性。这类喷泉非常适合于宾馆、饭店、商场、大厦等建筑前广场，或者形成广场的主题空间。

（2）喷泉设计要点

喷泉应设计在人流集中的地方，并搭配一些装饰性强的小型喷泉以营造气氛；喷泉设计的主题和形式应与环境相协调。

主题式喷泉要求环境能提供足够的喷水空间和联想空间，能让人通过喷泉的艺术联想，感到精神振奋、心情舒畅；装饰性喷泉要有一定的背景空间才能起到装饰效果；节日用的临时性喷泉则要以艳丽的花卉或醒目的装饰物为背景，使人倍感节日的欢乐气氛。

二、驳岸与护坡

景观中的各种水体需要有稳定、美观的岸线，用来维系陆地与水面的界限，使其保持一定的比例关系，防止水岸坍塌而影响水体，因而应进行驳岸与护坡处理。

1. 驳岸

驳岸（图 4-54）是正面临水的挡土墙，是用来支撑后面的陆地土壤和防止岸壁坍塌的水工构筑物。通常水体岸坡受水冲刷的程度取决于水面的大小、水位高低、风速及岸土的密度等。因而，要沿岸线设计驳岸以保证水体坡岸不受冲刷，还可通过不同形式处理增加驳岸的变化，丰富水景立面层次，增强景观艺术效果。

砌石驳岸由基础、墙身和压顶三部分组成。基础是驳岸的承重部分，它可以将上部重量传给地基。因此，驳岸基础要求坚固，埋入湖底深度不得小于 500 mm，

图 4-54　驳岸

图 4-55　护坡

图 4-56　生态浮岛（一）

图 4-57　生态浮岛（二）

基础宽度应视土壤情况而定。墙身是基础与压顶之间的部分，承受压力最大，包括垂直压力、水的水平压力及墙后土壤侧压力。压顶为驳岸最上部分，宽度为 300 ～ 500 mm，用混凝土或大块石做成，其作用是增强驳岸的稳定性，美化水岸线，防止墙后土壤流失。

2. 护坡

护坡（图 4-55）是保护坡面、防止雨水径流冲刷及风浪拍击的一种水体措施。河岸、湖边为了表现自然性，不做驳岸，而是改用斜坡伸入水中进行护坡处理，以防止滑坡，减少地面水和风浪的冲刷，保证岸坡稳定。护坡方法的选择根据坡岸用途、构景透视效果、水岸地质状况和水流冲刷程度而定，目前常见的方法有草皮护坡、灌木护坡和块石护坡。

草皮护坡适于坡度在 1 ： 20 ～ 1 ：5 之间的湖岸缓坡。要求草种耐水湿，根系发达，生长快，生存力强。护坡做法按坡面具体条件而定，可直接利用原有坡面的杂草护坡，也可直接在坡面上播草处加盖塑料薄膜，最为常见的是块状或带状种草护坡，铺草时沿坡面自下而上呈网状铺草，用木方条分隔固定，稍加压踩。灌木护坡较适于大水面平缓的坡岸，由于灌木有韧性、根系盘结、不怕水淹，因此能削弱风浪冲击力，减少地表冲刷，护岸效果较好。当坡岸较陡，风浪较大或因造景需要时，可采用块石护坡，包括花岗岩、砂岩、砾岩、板岩等，以块径 180 ～ 250 mm、边长比为 1 ：2 的长方形石料最好。

三、生态浮岛

生态浮岛（图 4-56、图 4-57）又称人工浮岛、生态浮床、生物浮岛、生物浮床，是利用竹子、泡沫、木头、废旧轮胎等浮力大的材料所扎成的浮床，以其为种植床而栽植植物所形成的"生态岛"，利用生态工学原理，降解水中的COD、氮、磷的含量。生态浮岛具有净化水体、创造生物（鸟类、鱼类）的生息空间、改善景观等综合性功能。

生态浮岛的分类如下。

（1）干式浮岛

干式浮岛的植物与水不接触，由于植株根系不接触水体，干式浮岛没有直接的水体处理能力，在美化环境的同时，构成良好的鸟类生息场所。

（2）湿式浮岛

湿式浮岛是使移栽植物与水体直接接触，可直接利用水体中的氮磷营养物质。湿式浮岛又可分为无框架式和有框架式两种。无框架式湿式浮岛的植物可以在浮岛上比较自由地生长，例如用椰子纤维、棕网编制，还有直接利用某些植物根系或根状茎的相互牵连作用而在水面上形成一片

水景的作用

1. 保护生态环境

水体在调节城市小气候方面有着重要贡献。主要表现在降低温度，增加空气湿度和调节通风状况方面；水体还能够吸附空气中的尘埃，对空气起到净化作用；同时，水景还能够减弱周围环境带来的噪声，以水面作为空间隔离，是最自然、节约的方法。

2. 反映地域特色

不同的地域有着不同的地形、气候、人文特征，有自己的空间形式特点，反映在水景设计上，就会形成不同的地域特色。

3. 烘托园林景观

平静的水面，无论是规则式的，还是自然式的，都可以像草坪铺装一样，作为其他园林要素的前景或背景。同时，平静的水面还能映照出天空和主要事物的倒影，如建筑、树木、雕塑及人物。以水体为依托，可以用小空间营造大的观景视野。

4. 体现文化意境

水景以其本身的个性魅力和独特的艺术设计，能够引起人们感官的愉悦、思想的启迪或情感的互动，即体现出一定的文化意境。如网师园中的月到风来亭，临水而设，三面环水，利用水体和临水建筑共同营造景观，正符合了宋代诗人邵雍的描写："月到天心处，风来水面时。"

5. 增强趣味性

人们对水的亲近感是与生俱来的，在户外环境中，有水的地方往往成为人们逗留、玩耍的场所。人们喜欢近距离地接触水，特别是儿童，喜欢在较浅的水中玩耍。另外，可利用现代设备来营造趣味水景观，如利用数字多媒体技术，结合音乐、水、灯光的变化组合，不仅带给人们视觉和听觉上的享受，同时也具有强烈的参与性和趣味性。

小／贴／士

生物浮床。有框架式湿式浮岛可利用多种材质，如聚苯泡沫板、竹子、木头等，但泡沫本身属于白色污染，目前基本已经没有应用。现在多用竹子或木条做浮岛，具有结构牢固、抗腐蚀、抗老化、浮力大、材料易得、制作步骤简单、造价低廉等优点。

第三节
山石构造

山石构造（图4-58）是指用人工堆砌起来的山，人们通常所指的假山实际上包括假山与置石两个部分。景观小品中的假山是以造景游览为主要目的，充分结合其他多方面的功能作用，以土、石等为材料，以自然山水为蓝本，加以艺术提炼与夸张变形，它是人工再造山水景物的通称。

图4-58　山石构造

一、山石分类及设计要点

"水以山为面""水得山而媚""石者，天地之骨也；骨，贵坚深而不浅露"。因而，景观设计中无山石难以成景。点石成景、独山构峰、嵌理壁岩、旱地、依水堆筑假山的艺术手法创作出"多方胜境，

咫尺山林"的景观艺术。

1. 假山石

假山石也称假山，是以真石（如太湖石）堆砌而成的景观体，经计算确定，可以上人活动。经结构计算，用天然石材进行人工堆砌再造。假山分观赏性假山和可攀登假山，后者必须采取安全措施。居住区叠山置石的体量不宜太大，构图应错落有致，选址一般在居住区入口、中心绿化区。

2. 人造山石

人造山石也称塑山或塑石，是以钢构件作支撑体，外包钢丝网，喷抹纤维砂浆等塑造而成的景观山体、景观石，不可上人和另加活荷载。

人造山石采用钢筋、钢丝网或玻璃钢作内衬，外喷抹水泥做成石材的纹理褶皱，喷色后似山石和海石，喷色是仿石的关键环节。人造石以观景为主，在人经常蹬踏的部位需要加夯填实，以增加其耐久性。人造山石覆盖层下宜设计为渗水地面，以保持干燥。

二、山石垒砌方式

山石垒砌是以石材或仿石材料布置成庭院岩石景观的造景手法，可以充分发挥它的挡土、护坡、种植床或器设等实用功能，用来点缀庭院空间。山石垒砌的特点是以少胜多、以简胜繁，用简单的形式，体现较深远的意境与艺术效果。

1. 特置

特置（图4-59）即用一块出类拔萃的山石来造景，也有将两块或多块石料拼

接在一起，形成完整的单体巨石。特置山石常在景观环境中用作入门的障景与对景，或置于视线集中的廊间、天井中央、漏窗后部、水边、路口或庭院道路转折部位。特置山石也可以与壁山、花台、岛屿、驳岸等结合使用。

2. 对置

对置是以两块山石为组合，相互呼应的置石手法，常立于庭院道路两侧（图4-60）。在景观环境空间前方沿建筑中轴线两侧，对称布置山石，以衬托环境、丰富景色。对置山石设计可仿效特置石，主要追求对称美。对置山石在数量、体量及形态上无须完全对等，可立可卧、可仰可俯，只求构图上的均衡与形态上的呼应，

这样能给人以稳定感。可以采用小块石料拼装成特置大峰石，最后应用体量较大的山石封顶，这样能控制平衡。

3. 散置

散置是采用少数几块山石，按照审美原则搭配组合，或置于门侧、廊间、池中，或与其他景物组合造景，创造出多种不同的景观（图4-61）。散置山石布置讲究置陈、布势，对石料的要求相对特置山石的要低一些。散置可以独立成景，也可与山水、建筑、树木联成一体。

4. 群置

群置（图4-62）是将几块山石成组排列，作为一个群体来表现，或采用多块

图 4-59　特置

图 4-60　对置

图 4-61　散置

图 4-62　群置

各国园林造景以喷泉为例，在伊斯兰园林中，喷泉或沿轴线布置在十字形水渠中央或作为局部构图的中心，如阿尔罕布拉宫狮子院中的水景；意大利台地园林中喷泉多与雕塑、柱饰、水池等结合造景，如意大利埃斯特别墅著名的"百泉步道"和莱恩脱的喷泉水渠；法国园林中的喷泉多与雕塑、跌落的瀑布结合造景，如法国著名的凡尔赛宫的太阳神喷泉。

置石与假山

　　置石是以山石为材料，作独立性或附属性的造景布置，主要表现山石的个体美或局部的组合，而不具备完整的山形。一般而言，假山的体量大而集中，可观可游，使人有置身于大自然之感。置石则主要以观赏为主，结合功能作用，体量较小而分散。假山因材料不同可分为土山、石山与土石相间的山。一方面因造园用地内无山而叠山；另一方面庭院用地范围内有山，但无法满足人们的审美要求，需要对原有自然山形进行加工、修整。

山石互相搭配布置，也称为大散点。群置要求石块大小不等、主从分明、层次清晰、疏密有致、前后呼应、高低有致。但是注意不宜排列成行或左右对称。

第四节
案例分析：流体景观序列花园

　　流体景观序列从入口驱动开始，进入个体花园（图4-63～图4-68）。线形石墙强调了整个花园空间中自然景观与建筑景观的对比。在游泳池和小屋创造一个视线边缘，同时引导视点到现有的草地，墙壁限制了草地的相邻边缘，并将草坪加强成与周围林地几何对立的地方。混凝土砖块大面积用于花园空地，扩大花园空间，周围的乔木和灌木交互种植在旁边，将防腐木门设计在灌木旁，与周围景物融为一体，形成一个围合的空间。

　　园区道路蜿蜒，温和的地形轮廓创造出明确的边缘，砂石铺地与绿色草坪相呼应，清新自然，给人自由的感觉。在花园内，大量的低矮植物似乎溶解在周围的景观中。这些边缘的突破提供了精心控制的视野，在一个空间与下一个空间之间创造出凝聚力，最终将整个岩石园统一起来。

图 4-63　园区小径

图 4-64　低矮石墙

图 4-65　花园空地

图 4-66　岩石隔墙

图 4-67　园区道路

图 4-68　低矮植物

思考与练习

1. 绿化小品的主要类型有哪些？分别有什么特点？

2. 各类绿化小品的植物选材方面有何特征？

3. 景观环境中水景的作用是什么？

4. 水景设施一般有哪些？分别有什么特征？

5. 假山石和人造山石有什么不同？

6. 山石垒砌的特点是什么？有哪些垒砌的方式？

7. 学习本章内容，说说各种自然景致在景观小品设计中如何应用。

学习难度：★★★☆☆

重点概念：坐具　灯具　雕塑小品

章节导读

　　景观环境中的家具是市民生活中触手可及的服务性小品设施，可以认为是一个地区、一个国家文明程度的标志之一，直接影响到空间环境的质量和人们的生活，包括坐具（图5-1）、灯具、垃圾箱、用水器、雕塑小品等，具有服务大众功能的服务型小品。

图5-1　景观环境中的坐具

第一节
坐 具

坐具是景观环境中应用比较广泛的观赏实用型设施，人们无论是休息、交谈、观赏都离不开坐具这个介质，它的造型、色彩、质感、结构的设计能表现出环境的特定气氛，是场所功能性以及环境质量的重要体现。

一、坐具的分类

1. 依据坐具的设置形式分类

依据坐具的设置形式分为单体型、直线型、群组型、围绕型和转角型。

（1）单体型

在人流量大、不宜长时间停留处，可以利用环境中的自然物与人工物，如石墩、木墩（图5-2）、路障等设置坐具。这种形式可向背而坐，私密性较大，能够避免互相干扰。

（2）直线型

直线型坐具（图5-3）采用基本的长椅形式，坐在长椅两端交流的人可以自由地转身，使用者的互动距离为1200 mm。

（3）群组型

群组型坐具可产生丰富的空间形态，适宜不同人群的活动需要。

（4）围绕型

围绕型坐具不便于群体互动，较适合单独使用，当人多时，容易造成使用者的碰触。

（5）转角型

转角型坐具（图5-4）便于双向交流，避免腿部互碰，适合多人的互动，站立的人也不妨碍通道的畅通。

不管生活方式如何多样化，坐具作为最常见的环境设施，却能够在以信息交流为主的社会环境中成为文化传承和交流、人们情感协调的纽带。

2. 依据坐具的形态分类

根据坐具的形态大致可分为单座型坐具和连座型坐具。

（1）单座型坐具

单座型坐具，又分为座椅（图5-5）和座凳（图5-6）两种形式，一般多设置于广场、公园及住宅区，少部分设置于街道。它不仅供人们休息，也广泛用于户外餐饮空间，与餐桌、遮阳顶棚灯箱结合，

图5-2　木墩凳

图5-3　直线型坐具

图5-4　转角型坐具

组成了喝咖啡、饮茶、饮果汁、吃快餐等休息处的环境，成为环境设施的重要组成部分。座凳可供人们坐、躺、睡、夏日纳凉、日常下棋等，更重要的是可为人们传达信息。凳与椅相比，无靠背、扶手，面积较小，无方向性，可以随意、自由地使用和移动，具有实用的优越性；在形态设计方面，可实现多种造型。

（2）连座型坐具

连座型坐具（图 5-7），一般以三人为额定形态，也有多人形态，又分单面座、双面座和多面座椅不同类型。连座型坐具的使用常常受到心理反应方面的影响，如两人座的连座型坐具，一人就坐后，别人就难以使用，出现了两人座仅一人使用的情况。三人用连座型坐具具有较广泛的使用性，适合于两人及多人同时使用，增加亲密感。连座型坐具一般为固定式，设置于种植绿化平台和拥壁等处，与拥壁连成一体，明确地划分了空间，与环境配合较协调。

二、坐具的功能

1. 为游人提供休息、赏景的空间

在湖边池畔、花间林下、广场周边、园路两侧设置座椅，可以给人们提供欣赏山水景色、树木花草的空间，在小游园、街头绿地中设置座椅则可供人们进行较长时间的休息（图 5-8）。

2. 点缀环境、烘托气氛

座椅简洁、自然的造型可以增添生活情趣，使城市景观更加丰富（图 5-9）。座椅与花坛的结合则可创造出一个相对私密的休闲空间。

图 5-5　单座型座椅

图 5-6　单座型座凳

图 5-7　连座型坐具

图 5-8　座凳的使用（一）

图 5-9　座凳的使用（二）

三、坐具的设计要点

1. 坐具的尺寸要求

（1）单座型坐具的尺寸要求

一般座面宽为 400 ～ 450 mm，相当于人的肩宽度；座面的高度为 380 ～ 400 mm，以适应人体脚步至膝关节的距离；附设靠背的座椅（图 5-10），靠背长为 350 ～ 400 mm；供长时间休息的长椅，靠背斜度应较大，一般与座面斜度为 5°；无靠背的休息凳（图 5-11），其宽深尺寸较自由，一般为 330 ～ 400 mm，根据环境场所空间的不同，其尺寸可适当调整。如体育场看台座席宽约 250 mm，座面高为 400 mm，如设靠背，背长约 200 mm；作为游乐园、广场等处的休息凳并兼代止路障碍物使用的，尺寸一般较小，高 300 ～ 600 mm，宽 200 ～ 300 mm，深 150 ～ 250 mm。

图 5-10　有靠背休息椅

图 5-11　无靠背休息凳

（2）连座型坐具的尺寸要求

通常以三人为额定形态的连座型坐具长度为 2 m。不同类型的连座型坐具尺寸需要根据具体环境要求进行设计。

2. 坐具的设置方式

坐具的设置方式应满足人的活动规律和心理需求，当使用者逐渐增加，座席显得拥挤时，人们在心里会下意识地保持个体距离和非接触领域。在坐具的设置、造型、数量设计上都要形成一个领域，让休息者在使用时有安全感和领域感。

3. 坐具的设置应注意的问题

① 坐具应结合植物、雕塑、花坛、水池设计成组合体，并充分考虑与周围环境和其他设施的关系，形成一个整体，做到与场所环境气氛和谐。

② 坐具应坚固耐用，不易损坏、积水、积尘，有一定的耐腐蚀、耐锈蚀的能力，便于维护。在表面处理上，除喷漆工艺外，还可对木材进行染色，注入添加剂；使用混凝土、铝合金或镀锌板等材料，使得坐具具有良好的视觉效果。

声屏障

声屏障是用来遮挡声音的墙壁状构筑物，它的高度由道路幅面及建筑物位置所决定，通常为 3 ~ 5 m。声屏障的长度为沿道路建筑群的总长与两端延长部分之和。声屏障由基础、支柱、隔声板、板内填充材料等组成，隔声板的消声形式分为反射性和吸声性，如金属面层加设玻璃棉、穿孔板、混凝土板，在风景观光区域可以采用有机玻璃和聚碳酸树脂等半透明材料。

小／贴／士

第二节
景 观 灯 具

一、灯具与光源

1. 景观照明灯具

常用的景观照明灯具主要有草坪灯、地埋灯、水下灯、庭院灯、景观灯、投光灯和 LED 灯具等。

（1）草坪灯

草坪灯（图 5-12）一般高度为 0.3

图 5-12　太阳能草坪灯

～0.4 m，安放在草地边或者路边，用于地面亮化。

（2）地埋灯

地埋灯一般埋在地面下，光源从下往上照射，一般用于植物点缀照明。某些地埋灯安装在道路上，灯具表面要求有一定的压力荷载（图5-13）。

（3）水下灯

水下灯（图5-14）为密封绝缘灯具，放置在水面以下，对水景进行亮化照明。

（4）庭院灯

庭院灯（图5-15）高度在2～3 m，比较接近人的视点高度，用于园路、广场、绿地照明。庭院灯除具有照明的作用外，还具有一定的景观装饰作用。

（5）景观灯

景观灯（图5-16）是用于广场、人流集散处的装饰照明灯具，高度不低于1 m，形式具有主题性，在白天具有艺术装饰作用。

（6）投光灯

投光灯（图5-17）低于人的视点，通常作为隐藏性照明灯具，在夜景的细节处理上具有较强的视觉美感，是景观照明的一种重要素材。

（7）LED灯具

LED灯具可以作为壁灯、灯带、发光地砖等广泛应用于园林景观夜景照明中。

2. 景观照明光源应用

园林景观使用的光源按照发光原理分为热辐射光源和气体放电光源两大类。热辐射光源是利用物体加热到白炽状态时辐射发光的原理制成的光源，如白炽灯、卤钨灯等。气体放电光源是利用气体放电时发光的原理所制成的光源，如荧光灯、高压汞灯、高压钠灯、金属卤化物灯和氙灯等。此外，LED灯具（图5-18）具有高效、节能、寿命长、光色好的优点，现在大量应用于景观照明。LED灯具使用低压电源，供电电压为6～24 V，根据产品的不同而异，所以它是一个比使用高压电源更安全的电源，特别适用于公共场所。

二、景观灯具照明分类

景观照明中包含了丰富的夜景元素，它们按照一定的形式原则，形成一定的关系和层次。景观照明主要为烘托夜景气氛和宣传而设置，这些对象的照明强调灯光

图5-13　地埋灯　　　　图5-14　水下灯　　　　图5-15　庭院灯

图 5-16　景观灯　　　　　　　　图 5-17　投光灯　　　　　　　　图 5-18　LED 灯具照明

的创意性，灯具小品既有展示也有隐藏，在夜景中带来丰富的视觉效果。

1. 园路照明

依据园路功能所选用的灯具有庭院灯、草坪灯、地坪灯等，所有灯具的造型根据具体环境气氛可以单独设计，在白天也不失艺术装饰性。

（1）下照光

下照光（图 5-19）可以营造一种宁静的氛围，灯具安装在灯杆上，出光口的位置一般高于人体高度，地面可以获得有效的均匀照明。也可以另用草坪灯一类的低位照明，出光口的位置低于人的高度，光照范围减少很多，明暗分界线很清晰，空间中形成一定的光照韵律，再就是地脚灯的使用，压低的光照完全在地面上。

（2）集中区域照明

为了强调空间的功能性，特别将局部一个步行区采用不同照明方式集中照亮（图 5-20），如广场或某个步行节点，这种照明方式的主要特点是光照面积较大，照度水平较高，对于人流相对集中的场合较为适宜。

图 5-19　下照光　　　　　　　　　　　　图 5-20　集中区域照明

（3）来自路边树木的照明

路边树木的照明在整个步行空间里创造出极为戏剧化的光照环境（图5-21），可以丰富街道的垂直界面，并增加路面和空间的光照，但要注意整夜的光照对树木的生长是不利的。

（4）漫射光照明

庭院灯向空中各个方向发射光线，可以在步行空间形成欢愉的气氛。但是，这种光照形式的最大问题是要将灯具的表面亮度保持在一定范围内，否则容易造成不舒适的眩光。当设计的光强令人不舒适时，会产生不良的感觉，没有人会愿意接近这类视觉不舒适的空间。

2. 建（构）筑物照明

建（构）筑物一般情况下都会作为夜景中的照明主体，建（构）筑物的夜景照明与其他元素照明有很大不同，它在原有建筑的基础上通过照明的明亮度变化、色彩变化来展示建（构）筑物的特点。

（1）泛光照明

泛光照明（图5-22）是建（构）筑物夜景照明中比较普遍的一种照明方式。

泛光照明的特点不仅能显现建（构）筑物的整体面貌、立体感、建筑造型，而且也能将建（构）筑物的某些细节表现出来。根据建（构）筑物的特点不同，投光灯安装的位置和距离也有所不同。

（2）内透光照明

内透光照明（图5-23）是利用室内光线向外透射形成夜景照明的方式。建（构）筑物照明通过长廊上的窗进行照明表现，例如古建筑中的雕花门扇、花窗、斗拱、柱廊等，现代建筑中利用通透的落地玻璃幕墙体现建筑的玲珑美。

（3）轮廓照明

轮廓照明主要表现建筑物的轮廓和线条。轮廓照明选用串灯、LED软管灯、霓虹灯、通体发光光纤等线性灯饰直接勾画建（构）筑物轮廓。

3. 绿化照明

（1）乔木照明方式

乔木在景观空间中的重要性影响照明的技术与方式。一种是强调单棵树照明时，要考虑乔木树种的树形；另一种是在植物群落中的乔木整体照明，需要考虑整个植

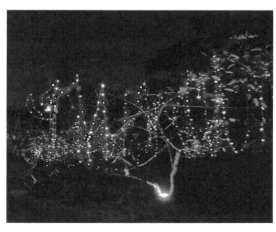

图 5-21　树丛中布置的灯景　　　　　　　　图 5-22　泛光照明

物群落的大面积投光照明。

①　单棵乔木照明。乔木照明以上照光形式为主，上照光的具体形式要根据乔木的树形特点来定。直立柱状树木，树干高，树冠相对较小，如杨树、棕榈等，灯具宜安装于接近树干处，使用窄光束灯具垂直向上照；枝干较低的球形树，树冠较小，灯具可设置在树冠范围之外，从下往上斜照树体，表现树冠的造型和肌理，灯具设置在树体以外的地方，安装一定角度的投光方向照射灯，增加戏剧效果。

②　树群照明。规则树群是指树群呈规则的行列布置，灯具多以规则方式布置，形成夜景的视觉通道，在有人群进入的种植庭荫广场或疏林区，灯具布置要考虑不妨碍人的行走通过，通常用地埋投光灯做自下而上的照明（图 5-24），夜晚光线太亮会造成眩晕感，所以要给灯具加防眩光罩。

（2）花境灌木照明方式

低矮且枝叶茂密的灌木，由于人们的观看方向是自上而下的，所以通常选用低矮的草坪灯来照明，使其在暗背景下显示形貌。在树上安装月光效果照明灯特别适合于球根花卉缀花草坪和草本花境，而照明花丛的光源，一般要选用显色性好的光源，使植物看起来朝气蓬勃。

（3）草坪、花坛照明方式

草坪照明设计（图 5-25）应简洁、明快，以能更好地衬托主要植物景观为原则。光源要求照度低，对显色性要求不严。如小片草坪，灯具布置呈随机性和点缀性，可结合花境、树丛，三五成群地布置灯具。花坛一般设置在草坪中间或铺装和建筑旁边，具有分割空间和活跃空间气氛的作用。花坛的照明方式有两种，即由下而上投光照明和由上而下投光照明。

4. 水体照明

水体是园林景观中富有灵动和生气的构成元素，水体照明（图 5-26）依据照明的目的分为以观赏为目的、以亲水活动为目的、以安全提示为目的三种。以亲水活动为目的的照明包括艺术照明和功能照明，亲水性活动包括旱喷泉、河岸浅水区人们的亲水活动，可以采用水下投光灯照亮水体本身。以安全提示为目的的照明，灯具一般安装在水体上方，泛光照明，包括庭院灯照明、高杆投光灯照明。

图 5-23　内透光照明

图 5-24　树群照明

图 5-25　草坪照明

图 5-26　水体照明

图 5-27　座椅照明

图 5-28　景墙照明

为什么中国各大旅游景点对于夜间旅游的重视程度不高?

1.付出的工资成本高; 2.夜间设施需要重新配置。照明是第一步,也是最重要的一步; 3.安保问题,夜间照明系统不完善的话,会导致人员掉进水里,而且夜晚掉进湖里,得到救助的几率较少。

5. 设施与照明相结合

设施与照明相结合包含两方面内容,即实用功能照明和装饰照明。其中实用功能照明强调直接为人们服务,依据设施的造型、大小、色彩、质地的不同,在布置灯具时应更偏重于其功能性。装饰照明强调设施在环境中的视觉中心作用,具有极强的艺术表现性。

（1）座椅照明

座椅在园林景观中是必不可少的功能性设施,座椅照明（图 5-27）应满足夜间使用安全功能,同时也可作为夜景中的点缀和补充。值得注意的是,过分的装饰会产生眩光,妨碍人们的使用。

（2）造型景观灯

根据园林景观的特点,结合现代照明技术,将灯具外形艺术化,在白天具有景观装饰作用,在夜晚满足一定照度的功能作用。

（3）挡车桩照明

挡车桩照明系统设置在景区的某区域入口处,挡车桩的作用是阻止车辆侵入某一地区,但不阻碍行人,同时具有视觉引导、视觉边界、划分区域的作用,对平面铺装也有垂直的限定作用。景区中的挡车桩一般由整块石材或混凝土、钢材制成,具有与景区主题相一致的造型风格,一般可以内设光源,在夜间起视觉提示作用,还有良好的装饰作用。

（4）景墙照明

景墙是一种独特的园林建筑造型,在中国古典园林中应用的形式较多。景墙照明（图 5-28）就是把园林中的墙体作为灯光艺术表现的载体,一般多采用由下而上的投光照明手法,灯具明装或埋于景墙的正前方。

（5）标识系统照明

标识系统在景区中具有重要的导引和提示作用，也是景区宣传的手段。标识的夜间照明具有很强的功能性，同时艺术化的照明处理会起到点缀、装饰周围环境的作用。根据标识的形式、结构，将标识牌分为内透光灯箱式照明和泛光投光照明两种形式。

景观灯具的设计要点

1. 灯具外观设计注重造型美、突出夜景主题

室外灯具设计要考虑休闲性、参与性、趣味性、协调性等，要结合环境主题赋予一定的文化内涵，在统一中突出特色，以丰富景观环境。

2. 设置灯具要注意使用功能，做好灯具的隐藏与展示

灯具的设计要充分考虑白天景观形象和夜晚灯光的艺术气氛，使灯光、灯具和景观环境三者和谐统一。在特定的景观环境中，应结合空间的风格对装饰性灯具的外形统一考虑，同时在景观设计过程中尽量考虑功能性灯具的隐藏性，最好将灯具隐藏装置与景区建设同步进行，做到"见光不见灯"。

3. 光源的选择

光源的选择要考虑照度、色温、显色性来协调夜景空间气氛。照度即光强度，光愈强，形象愈突出，光渐暗，形态渐隐，一切景物则淹没于黑暗之中。灯光的色温在 2000 ～ 3000 k 之间，光源色彩偏暖，具有前进感；灯光的色温在 5500 ～ 7000 k 之间，光源色彩偏冷，具有后退感。显色性良好的光源可以还原景物的真实性；显色性较弱的光源可以产生视错觉，营造想象空间。

第三节
垃 圾 箱

垃圾箱的主要作用是收集场所环境中被人们丢弃的垃圾，便于人们对垃圾进行清理工作，从而起到美化环境、促进生态和谐的作用。垃圾的处理方式，不仅关系到环境的质量和人们的健康，而且反映了该地区的文明程度和人们的素养。垃圾的种类、数量庞大，包括纸张、纸板、玻璃、金属、塑料、落叶，甚至各种电池。

一、垃圾箱的类型及特征

垃圾箱按照清除方式，分为旋转式、悬挂式、连套式、启门式和抽底式；按照造型的不同，可分为箱式、筒式、斗式、罐式等；按照固定方式，可分为地面固定型、地面移动型、地面依托型。一般垃圾箱高度为 600 ～ 800 mm，生活区使用的体量较大的垃圾箱高度为 900 ～ 1000 mm（图 5-29、图 5-30）。

图 5-29 垃圾箱(一)

图 5-30 垃圾箱(二)

垃圾箱的分类和回收再利用方式体现了现代文明的发展程度，人们对于不同类型的垃圾和垃圾箱的不同处理方式都有了新的认识，如现在提倡的减少垃圾量、回收物的使用、资源的循环再利用等概念得到广泛的宣传并用于垃圾箱的设计中。

二、垃圾箱的设计要点

垃圾箱的设计应首先考虑其功能作用，然后考虑其制作材料，再考虑不同造型的材质、工艺、外观等因素，并选配合理的色彩与装饰。普通垃圾箱规格为高 600 ~ 800 mm、宽 500 ~ 600 mm，投入口高度为 600 ~ 900 mm，设置间距一般为 30 ~ 50 m。设置在车站、公共广场的垃圾箱体量较大，一般高度为 900 ~ 1000 mm。结构设计应坚固合理，既要保证投放、收取垃圾方便，又不致使垃圾被风吹散。带盖垃圾箱既可防风，又可防止玻璃等危险垃圾危及行人。上部开口的垃圾箱要设置排水孔。

垃圾箱的设置应满足行人生活垃圾的分类收集要求，行人生活垃圾分类收集方式应与分类处理方式相适应，分为有机垃圾、无机垃圾、有毒垃圾，或分为可回收垃圾、不可回收垃圾、有害垃圾，并通过垃圾箱的不同色彩或一定标识对垃圾进行分类收集。垃圾箱应设置在道路两侧，其间距按道路功能划分：商业街道、金融街道为 50 ~ 100 m；主干道、次干道、有辅道的快速路为 100 ~ 200 m；支路、有人行道的快速路为 200 ~ 400 m。

第四节
用 水 器

饮水器、洗手器是在公共环境中为人们提供水的设备，也是现代人们生活不可缺少的景观设施。在人流密集的公共环境中需设置饮水器、洗手器，方便饮水、洗手等。用水器设计时需考虑管理条件及水管道安装条件，应设置在易排水的地方。

饮水器、洗手器（图 5-31、图 5-32）的基本形体有多种，如方形、圆形及几何组合形体，也有象征性的造型。饮水器、洗手器一般用混凝土、石材、陶瓷、不锈钢金属等材料制成。用水器的造型尺度应以人体工程学的数据为依据，供成人使用的高度应该为 700 ~ 800 mm，供儿童使用的高度应在 400 ~ 600 mm 之间。

图 5-31 饮水器

图 5-32 洗手器

此外，在结构和高度上还要考虑轮椅使用者的方便。用水器的构成包括水龙头出水口、基座、水容器面盆和踏步等，其基本形态为方、圆、多角型及其相互组合的几何形体或艺术化造型；所用材料以不锈钢、石材、陶瓷、混凝土为主，可以和雕塑等景观小品结合。

第五节
雕 塑 小 品

雕塑小品主要是指带观赏性的户外小品雕塑。雕塑是一种具有强烈感染力的造型艺术，雕塑小品来源于生活，却往往予人以比生活本身更完美的欣赏和玩味，它可以美化人们的心灵，陶冶人们的情操。雕塑小品属于园林中的小型艺术雕塑品，其影响之深、作用之大、给人感受之浓远胜过其他景物。一个设计精巧、造型优美的雕塑小品，犹如点缀在大地中的一颗明珠，光彩照人，对美化环境、提高人们的生活情趣起着举足轻重的作用。

一、雕塑小品的功能

雕塑小品能起到感化、教育和陶冶性

情的作用，其独特的个性赋予空间以强烈的文化内涵，它通常反映着某个事件、蕴含着某种意义、体现着某种精神。在景观环境中，雕塑小品能形成场所空间的焦点，对点缀和烘托环境氛围、增添场所的文化气息和时代特征具有重要作用，还有调节城市色彩、调节人的心理和视觉感官的作用。

二、雕塑小品的类型

雕塑小品主要有以下四类。

1. 人物雕塑

人物雕塑（图 5-33）一般是以一些纪念性人物和情趣性人物为题材。人物雕塑一般都具有历史意义或生动的形象，它既使环境有鲜明的主题，又为环境增添了活力。

图 5-33 人物雕塑

旅游环保厕所在景区一般使用泡沫封堵型的技术比较多，因为泡沫封堵型的厕所发泡设备用水不足 0.5 L，节水率高达 98%，可以节水并减少排污节约水费。而且厕所发泡便器为双封堵状态，彻底地隔绝了臭味。

2. 动物雕塑

人与动物始终都存在着多方面的情感，艺术家由此创作出许多动物雕塑（图5-34）。如象征纯洁爱情的白天鹅、善良可爱的梅花鹿、聪明活泼的海狮等都是人们喜爱的雕塑题材。由此可见，动物雕塑使环境更祥和、自然、生动，丰富了园林的艺术趣味性。

3. 抽象性雕塑

抽象性雕塑（图5-35）含义深奥，游人乐于边欣赏边玩味。标题性的雕塑可以循题追思，不无逸趣；至于非标题性的雕塑，能做到"什么都不像"才是抽象的真谛。

4. 冰雪雕塑

由于材料的特殊性，冰雪雕塑（图5-36）受地域性和环境性的限制。在东北、新疆一带，冰雪雕塑已成为冬季园林的一大特色。一座座晶莹剔透的冰雪雕塑如碧似玉，巧夺天工。

雕塑小品是一种具有强烈感染力的造型艺术，在设计时往往不能随心所欲，而要把握住一定的设计要点（表5-1）。

雕塑与雕刻的区别

雕塑其实就是刻与塑，刻就是做减法，塑就是做加减法。一般刻所用材料包括木、石、玉，也有其他材料，比如砖、石墨、泡沫，或其他不常用的材料。塑一般指的就是泥塑，是基础的东西，泥塑一般拿来翻模，可以为后期的雕刻做个造型，也能铸造。

图 5-34　动物雕塑　　　　　　　　图 5-35　抽象性雕塑

表 5-1　雕塑的设计要点

序号	项目	内　容
1	与环境融合	要先依据周围环境特征，全面理解和把握，然后确定雕塑的形式、主题、材质、体量、色彩、尺度、比例、状态、位置等，使其与环境协调统一
2	基座	基座是雕塑整体的一个组成部分，在构思中应整体考虑
3	平面布局	雕塑平面布置形式分为规则式和自由式
4	视距与雕塑高度	在整个观察过程中应有远、中、近距离，才能保证良好的观察效果
5	视线角度	最佳的竖向角度为18°～27°，当竖向视角大于45°时，只能观赏细部；水平视角应在54°以内，其背景的水平视角一般不大于85°

图 5-36　冰雪雕塑

第六节

案例分析：小品坐具中的寓言故事

景观小品中的小品坐具，很多是以寓言故事的形式出现的（图 5-37 ～图 5-42）。这些寓言故事有的是以二维码形式附在雕塑小品坐具旁边，游客一扫二维码将听到语音解说故事；有的则是直接将文字附在小品坐具旁边，游客可自行阅读；有的则将文字与二维码结合起来，游客可以自行选择获取知识的方式。通过这种方式可调动游客的情绪，让游客在游玩和休息的过程中仿佛回到了特定的时间

里，感受当年的生活。这些雕塑小品多是脍炙人口，并有强烈的道德教化意义的寓言故事，具有较高的文学性、艺术性、思想性，游客可在游玩的同时获取知识。

雕塑坐具小品属于混凝土雕塑小品，成本相对较低，材料获取较容易，使用寿命极长，可以抵抗风吹日晒、潮湿浸水等各种长期的恶劣环境，抗压程度高，几十年后仍可保持完整形态。养护较佳的水泥长期浸泡于水中也可以保持原有的硬度和坚固程度，混凝土的耐腐蚀性较强，对大气、水和一般浓度的酸、碱、盐及多种油类和溶剂都有很强的抵抗能力。

图 5-37 自相矛盾

图 5-38 猎人争雁

图 5-39 曾子不说谎（一）

图 5-40 曾子不说谎（二）

图 5-41 庖丁解牛

图 5-42 亡羊补牢

思考与练习

1. 景观坐具有哪些类型？分别有什么特点？

2. 座椅有哪些基本的布置方式？

3. 景观灯具与光源的主要类型有哪些？分别有什么作用？

4. 景观环境中各种要素的照明方式有哪些？

5. 如何在特定场所表现主题性的景观家具设计？

6. 学习本章内容，根据景观空间的风格来设计灯具的隐藏与展示。

7. 根据不同的环境和主题，如何对雕塑小品进行定位设计？

学习难度：★★★☆☆

重点概念：信息类景观设施　交通类景观设施　休闲娱乐类设施

章节
导读

景观设施（图6-1）与小品是公共环境中必不可少的构成元素，也是人们在公共环境中的一种交流媒介，它不但具有满足人的使用需求的实用功能，同时还具有改善及美化环境的作用。景观设施与小品是景观设计中一个非常庞大的系统工程，景观中常用的设施与小品包括信息类景观设施、交通类景观设施、休闲娱乐类设施等。

图6-1　景观设施

第一节
信息类景观设施

一、标志

标志系统也可以称为"导视系统"，来自英文 sign，它有信号、标志、说明、指示、预示等多种含义。标志的设置方法有独立式、墙面固定式、地面固定式和悬挂式等，它们各有特点，具体根据环境特点和经济成本而选择。标志被定义为人类社会具有识别和传达信息功能的象征性视觉符号，主要分为以下几类。

1. 领域标志

领域标志（图 6-2、图 6-3）是标志系统中的重要部分，它与其他标志的根本区别在于它对较高层次的领域起着限定和强调的作用。在 20 世纪 90 年代初，我国的许多大城市曾经酝酿过自己的城徽、城花，随着香港和澳门的回归，区徽图案已经广泛运用于社会生活和世界舞台。除了城徽之外，更常见的是企业标志以及在某地举办会议、活动的专用标志，这些标志应看作是永久性标志，它以简明、生动的形象和深刻的内涵，反映小至一个单位、大至一个城市的变化。

领域标志设计除通常标志设计所要求的简明、易识、易记以外，还要建立一种生动的特有意象，它以艺术的形象或图案表示抽象的意义，并运用象征性、含义性和美术性手段使这种意义提升，实现设计者与使用者以及观赏者之间感情的相互沟通。

2. 环境标志

环境中的标志是一种大众传播的符号，是用形态和色彩将具有某种意义的内容表达出来的造型活动。环境标志一般由文字、标记、符号等要素构成，它以认同为基本标准，对提高城市公共空间环境的质量和效率，起着不可或缺的作用。标志运用的材料较为广泛，常用的有玻璃、木材、石材、陶瓷、搪瓷、不锈钢以及其他金属、化学材料等，制作方法以印制、镂刻、喷漏、电脑喷绘为主。

环境标志一般包括方向标志、方位标志、说明标志、信息标志、功能标志、招牌标志等类别。

（1）方向标志

方向标志（图 6-4）的作用是帮助人

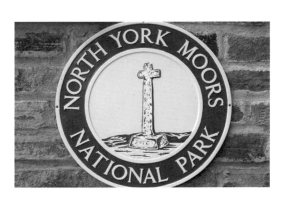

图 6-2　北约克郡摩尔国家公园标志

图 6-3　领域标志

在陌生环境中发现路径和目的地所在，比如航空港、地铁站、旅游景区、公园、商业街等公共场所的方向标志。方向标志应以易读性、可视性及位置适当为基本要求。

（2）方位标志

方位标志（图6-5）是指在某一特定的环境中提供使用者一个参考标准的标志。它被用来说明环境内个体间的地理位置及其关系，如地图、方位图、楼层平面图等。清楚明了的方位图能使外来者对所处环境感到便利和安全。

（3）说明标志

说明标志（图6-6）是为了某种用途而设计的解释性标志，一般是针对较为特别的主题，如地理特征、景点由来、古迹历史等而进行说明的。特定环境的说明不仅有助于了解环境内的个体，而且说明本身的设计也成为环境中的另一个视觉形象。

（4）信息标志

信息标志（图6-7）指用于传达信息的广告宣传和产品说明的标志，例如机场、火车站广场、公交车站所设定的电子信息显示屏，它能不断传递出航班、车次的各种信息。

（5）功能标志

功能标志是指将环境空间按不同的功能进行分类的标志说明。功能标志作为一种记号，只有在某种认同和规定的基础上，才能表达和指示空间意义，例如男女洗手间的人体标记语言或文字，更显简单而直接（图6-8）。

图 6-4　方向标志

图 6-5　方位标志

图 6-6　说明标志

图 6-7　信息标志

（6）招牌标志

招牌标志（图6-9）是用于环境中及各种对外宣传媒体中，为了让别人了解该区的名称而做的标志。

环境标志的发展趋势显示出标志形式的信号化和艺术效果的广告化。一方面，信号化的标志设计要着重考虑应具备强烈的刺激性、识别性和记忆性；另一方面，广告化的标志设计在视觉上要具有冲击力和赏心悦目的艺术性。当代标志大量运用新的设计观点、新型材料和制作工艺，以及现代化的声、光、电等手段，以保持视觉和公共环境的高度秩序，以及建筑空间与公共场所的高品质视觉效果。

3. 交通标志

在同一个景区环境中，如各种交通工具、速度、运输手段等不同，则需要一些交通标志来控制。交通标志包括指示标志、指路标志（图6-10）、禁令标志（图6-11）、辅助标志、旅游区标志等。

4. 公共设施标志

公共设施标志（图6-12）即城市一般设施的引导性标志和商业标志，以及具有一定文化特征的观光标志。其设计独特性强调了标志应简单明了，具有较强的科

图6-8　功能标志

图6-9　招牌标志

图6-10　指路标志

图6-11　禁令标志

安静 Silence 舞厅 Dance hall 结帐 Settle accounts 行李寄存 Left luggage 中餐 Chinese restaurant

 入口 Way in 男更衣室 Men's locker 走失儿童认领 Lost children 急救 First aid 盆浴 Bath

 出口 Way out 女更衣室 Women's locker 失物招领 Lost and found 医院 Hospital 淋浴 Shower

 楼梯 Stairs 饮用水 Drinking water 允许吸烟 Smoking allowed 理发(美容) Barber 按摩 Massage

 上楼楼梯 Stairs up 踏板放水 Podal-operated facilities SOS 紧急呼救设施 Emergency signal 旅馆(饭店) Accommodation 桑拿浴 Sauna

 下楼楼梯 Stairs down 电话 Telephone 废物箱 Rubbish receptacle 干衣 Drying 会议室 Conterence room

图 6-12 公共设施标志

学性、解释性，尽可能采用国际、国内通用的符号传达信息。

5. 旗帜

旗帜（图 6-13）由"旗"和"杆"两部分组成，在视觉上具有广告的特征。旗杆分独立式和墙嵌式两种，因墙嵌式对建筑功能和景观有一定制约性，因此以室外环境中的独立式为主。

旗杆有缆绳内藏和外挂之分，为防止缆绳露天损坏和风动的声响，多设计成缆绳内藏式。旗杆对基础和杆材的要求较高，从设计角度上看，主要侧重于旗杆的位置、基座、间隔、高度，以及杆前空地与建筑、

图 6-13 旗帜

图 6-14　音箱（一）

图 6-15　音箱（二）

图 6-16　时钟（一）

图 6-17　时钟（二）

街道的关系。旗杆的间隔与高度有关：5～6 m 高旗杆的间隔为 1.5 m 左右，7～8 m 高旗杆的间距为 1.8 m 左右，9 m 以上者的间距为 2 m。另外，不同场所内，旗杆的设置间距也有所不同。

二、音箱

音箱（图 6-14、图 6-15）多设置于广场、公园、居住区等公共活动场所及大型建筑中。音箱造型各异、形式多样，有的被做成装饰物隐匿于绿地中，提供背景音乐或信息传递，有只闻其声、不见其形的意境。

多媒体、可视化信息技术，是将声音、文本、视频、动画、模拟仿真、通信等技术融为一体的信息处理和表现技术，实现了信息交互的多元化、同时化与实时化，可以进行环境与场景及空间造型的动态仿真。在国外，许多研究机构和规划部门都在实现多媒体、可视化支持信息系统方面进行了尝试和探索，取得了令人关注的成效。近年来，我国部分城市规划设计机构已在尝试运用规划支持信息系统向多种信息技术一体化方向发展的可能性。

三、计时装置

计时装置可以向人们准确地报时，表明城市生活的节奏，映射城市文化和效率。计时装置一般设置在城市绿地、街道、广场和公园，占据入口或中心等重要位置。计时装置的种类很多，如机械表、电子表、自鸣钟等（图 6-16、图 6-17），近几年开始将水钟、光显示器等引入到城市环境中。各种造型别致的计时装置对城市景观起到活化作用，有的成为区域环境中的标志性景观。

计时装置在设计时要注意其高度和位置，使之在景观环境中既醒目又和谐；要具有良好的防水性能，便于专人维修、校对却不易被他人接触到显示部分；功能趋向综合性，与雕塑、花坛、喷泉、广告牌等设施相结合。在设计中要注意结合周围的环境特征，可以运用新材料与现代材料相结合的方式设计。

第二节
交通类景观设施

交通类景观设施系统除交通管理设施（交通标志、交通信号设备、交警岗亭）外，还包括公交车站、自行车架、止路设施等。

一、公交车站

轻轨车站、地铁车站、公共汽车站等是为交通提供服务和管理的小型交通性设施，是城市交通系统中行人与交通工具连接的"点"设施。公交车站候车亭的造型主要有顶棚式和半封闭式两种。一个标准的公交车站一般由站台、遮阳顶棚、站牌、隔板、交通线路导引图、防护栏、夜间照明设施、座椅、垃圾箱、烟灰缸、广告设施和无障碍附属设施组成（图 6-18）。

公交车站的设计要求造型简洁大方，富有现代感，应有自己城市的特色，并设有休息设施、垃圾箱、广告牌或行车路线导游图、照明灯具等，应注意其俯视和夜间的景观效果，并做到与周围环境融为一体。候车亭一般采用不锈钢、铝材、玻璃、有机玻璃板等耐气候变化、耐腐蚀、易于

清洗的材料。有的候车亭采用环保材料，利用太阳能低压供电系统，不仅满足了功能需求，也节约了能源，更使公交车站成为夜间环境的景观亮点。公交车站设计要充分考虑保障人们等候、上下车的安全性与舒适性，一般城市中所设置的公交中途站点长度不大于 1.5～2 倍标准车长，宽度不小于 1.2 m。

二、自行车架

在公共空间或建筑周围都会设置固定的自行车停放点，多为具备遮棚的结构，也有的是简易的露天地面停放架或停放器。如何进行空间有序排列和停车空间的充分利用是自行车停放设施设计的关键。自行车架（图 6-19）应考虑存放整齐、存放量大、便于管理、美观等因素。一般有单侧存放、双侧存放、放射形存放、立挂式存放等形式。

户外广告

凡是能在露天或公共场合通过广告表现形式向消费者进行宣传，达到推销商品的目的的物质都可称为户外广告。户外广告可分为平面和立体两大类：平面广告有路牌广告、招贴广告、壁墙广告、海报、条幅等；立体广告分为霓虹灯广告、广告柱、广告塔、灯箱广告等。

图 6-18 公交车站

图 6-19 自行车架

图 6-20　护栏（一）

图 6-21　护栏（二）

1. 单侧存放

单侧存放有平行式和斜角式两种。平行式与道路垂直设置，一般存车间距为 0.6 m，占地面积为 1.1 m²。斜角式为了减少面积，与道路呈 30°～45° 角，单辆占地面积 30° 的为 0.8 m²、45° 的为 0.82 m²。

2. 双侧存放

双侧存放有对称、背向、面向交叉式及两侧段差式。

3. 放射形存放

圆形、扇形式放射形设置，是欧洲常用的方式，具有整齐、美观的效果，但要确保停车周围有适当的流动空间。

4. 立挂式存放

立挂式存放以前轮夹插入凹槽内，单车占地面积为 0.57 m²。

三、止路设施

止路设施在整个室外交通空间环境中，起到强制区分行人和车辆的作用，使人们增强安全意识，具有保护作用。止路设施作为构筑街道的景观，在设计护柱的高度、造型、色彩、材料及间距时，应根据环境而加以精心设计。在交通安全方面，夜间止路设施应设置反射光板，或者以照明的形式设置于护柱之上，常常使用脚灯的照明形式，便于识别。止路设施是加强道路安全的各类设施，包括护栏（图6-20、图6-21）、护柱、阻车装置、反光镜、信号灯、人行斑马线、隔离栏、隔墙等。

小贴士

wifi 信号是否会干扰公共交通设施的正常运行，与干扰公交设施无关，而与 wifi 的工作频段有关，所有的手持智能终端和无线路由器默认工作在 2.4 GHz 这个公用开放的国际标准频段，如果在有限空间内只设置一两个是没太大干扰的，如果存在多个发射终端就会有严重的干扰。

第三节
休闲娱乐类设施

一、儿童游乐设施

1. 儿童游乐设施的类型

（1）儿童游戏场

① 草坪与地面铺装。作为一种软质景观，草坪除具观赏价值外，也是儿童喜爱的良好活动场地（图6-22）。尤其对幼儿而言，在草坪上活动既安全又卫生，但草坪养护管理要求较高，故而硬质铺面仍被更多地使用。铺地材料多采用水泥方砖、石、沥青或其他地方材料，铺面图案可结合儿童化图案加以点缀。

② 沙坑（图6-23）。沙戏是儿童游戏中重要的一种游戏形式。儿童在沙地上可凭借自身想象开挖、堆砌，规模较小的公园通常设置一个可同时容纳 4～5 个孩子玩耍、面积约为 8 m² 的沙坑即可。如在沙坑中安置玩具，则既要考虑儿童的运动轨迹，又要确保坑中有基本的活动空间。沙坑中应配置经过冲洗的精制细沙，标准沙坑深为 400～450 mm；可在沙坑四周竖砌 100～150 mm 的路缘，以防止沙土流失或地面雨水灌入。

③ 水池。与水亲近是儿童的天性，用地较大的儿童游戏场常设置嬉水池（图6-24）。供儿童游玩的嬉水池水深在200 mm 左右，也可局部逐渐加深以供较大儿童使用，但需做防护设施。嬉水池的平面形式丰富多样，可与伞亭、雕塑、休息凳等其他设施结合；水的形态可与喷泉

图 6-22　模拟草坪地面

图 6-23　沙坑

图 6-24　水池

结合设计，使水不断流动以减少污染。嬉水池底应浅而易见，所用的地面材料要做防滑处理。

④ 迷宫。迷宫可训练儿童的辨别力，儿童进入迷宫后，会因迷途而提高兴趣。可用绿篱植物等软质材料围合，另外利用混凝土的可塑性制作出各种迷宫形式的城堡、房屋、动物造型，设计出受儿童喜爱

图 6-25　儿童迷宫

图 6-26　秋千

图 6-27　滑梯

的迷宫形式（图 6-25）。在设计时应注意避免锐角出现而伤及儿童，墙体顶部应作削角，墙下或设置沙坑，或做柔性铺装；如果需要在墙面绘画涂鸦，应采用粘贴模

板、上色绘制的方法，遮阳能保护墙体图案不掉色。

（2）游戏器械

① 秋千（图 6-26）。一般铁制秋千架的设计尺寸：两座式秋千，宽约 2.6 m、长约 3.5 m、高 2.5 m，安全护栏宽 6.0 m、长 5.5 m、高 0.6 m；四座式秋千，宽约 2.6 m、长约 6.7 m、高 2.5 m，安全护栏宽 6.0 m、长 7.7 m、高 0.6 m。秋千踏板距地面 350 ～ 450 mm；设计幼儿园安全型秋千，应注意避免幼儿钻入踏板下，一般安全的踏板下高度为 250 mm。秋千的吊链、接头等配件，应选用断裂强度高的可锻性铸铁产品。秋千下及周围地面应采用沙土等柔性铺装，防止儿童跌伤。

② 滑梯（图 6-27）。滑梯可通过重力作用自高向低滑下，可以上下起伏改变方向以增强儿童游戏的乐趣。滑梯的宽度为 400 mm 左右，两侧立缘为 180 mm 左右，滑梯末端承接板的高度应以儿童双脚完全着地为宜，且着地部分为软质地面或水池。滑梯的材料宜选用平滑、环保、隔热的材质；在滑梯周围要设置防护设施，以免儿童掉下滑梯而导致受伤。

③ 跷跷板（图 6-28）。跷跷板用木材或金属作支架，支撑一块长方形木板的中心，两端可以一人或多人乘坐，应有扶手，也可以和其他器械结合。普通双连式跷跷板的标准尺寸：宽 1.8 m，长 3.6 m，中心轴高 450 mm。跷跷板下应安装废旧轮胎等设备作缓冲垫；跷跷板周围较为危险，应设置沙坑或做柔性铺装。

④ 攀登架（图 6-29）。攀登架一般常用木材或钢管组合而成，儿童可以攀登

上下，在架上进行各种动作，主要锻炼儿童的平衡能力。常用攀登架每段高 0.5～0.6 m，由 4～5 段组成框架，总高约 2.5 m，可设计成梯子形、圆锥形或动物造型。方形攀登架的标准尺寸：格架宽为 0.5 m，攀登架整体长、宽、高相同，为 2.5 m。架杆一般选用外径为 272 mm 的煤气管或木材；从安全角度考虑，架下应设置沙坑或其他柔性铺装。

图 6-28　跷跷板

图 6-29　攀登架

2. 儿童游乐设施的设计要点

儿童游乐设施设计时要从儿童的角度去考虑，掌握新时代儿童的心理特征和认知水平，满足儿童的好奇心，激发儿童自发地进行创造性游戏，同时要考虑儿童的运动轨迹和运动特点，设法使他们能够在有限的范围内获得最大的活动空间。考虑游乐设施的造型、结构、材料并保障儿童的安全，可使用天然材料。地面铺装宜采用质地柔软、施工简单、色彩丰富的材料，避免儿童从器械上坠落跌伤，还可以结合儿童心理加以图案点缀。

进行游乐场选址和器械布置时，既要注意满足日照、通风、安全的要求，同时也应注意尽量降低儿童嬉戏时产生的嘈杂声对周围环境的影响。此外，还要考虑到残疾儿童的需求。

二、体育运动设施

体育运动类环境设施有网球场、篮球场、羽毛球场、乒乓球场、排球场、足球场等，各设施尺寸和设计要点如下。

1. 网球场（图 6-30）

（1）尺寸

标准网球场占地面积不小于 36 m×18 m，在这个面积内，有效单打

图 6-30　网球场

108

图 6-31　篮球场

图 6-32　羽毛球场

场地面积为 23.77 m×8.23 m，有效双打场地面积为 23.77 m×10.98 m。

（2）设计要点

网球场地应设置休息用和放置随身用品的长凳。特别是场地数目较多的网球场，最好设置凉亭等遮阴设施。同时，入口附近应设置饮水台；边线至围网间的距离，硬式场地与软式场地有差异，间距 4～6 m，每块场地边线的间距为 5 m 以上，端线至围网的距离一般为 6.5～8 m，四周围网高度一般为 3～4 m。网球场的长

轴应放在偏东西 5°～15° 的方向上（最好向西偏 5°）。建在风力较强地方的网球场，尽量在围网上安装防风网。网球场每片场地坡度应至少为 1∶360，最大不得超过 1∶120。

2. 篮球场（图 6-31）

（1）尺寸

标准篮球场尺寸为 28 m×15 m；六人制大、中学普通篮球场地尺寸为（24～28）m×（14～15）m，六人制正式国际比赛篮球场地尺寸为 28 m×15 m。

（2）设计要点

篮球场宜设置在避风或风小之处，布置方向以南北、西北或东南为宜，端线与边线外无障碍区均在 3 m 以上。根据篮球运动的特点，场区地面应采用防滑铺装，同时解决排水和地面硬度问题，如选用沥青类、合成树脂类地面。篮球场排水坡度为 6%～8%。

3. 羽毛球场（图 6-32）

（1）尺寸

单打羽毛球场地面积为 13.40 m×5.18 m，双打羽毛球场地面积为 13.40 m×6.10 m，球场上各条线宽均为 40 mm。

（2）设计要点

整个羽毛球场上空空间最低为 9 m，在这个高度以内，不得有任何横梁或其他障碍物，球场四周 5 m 以内不得有任何障碍物；任何并列的两个球场之间，最少应有 2 m 的距离；球场四周的墙壁最好为深色，不能有风；羽毛球场表层排水坡度为

1 ∶ 150 ～ 1 ∶ 100。

4. 乒乓球场（图6-33）

（1）尺寸

男、女单打和双打场地均相同，场地尺寸为 14 m×7 m，天花板高度不得低于 4 m；球桌桌台尺寸为 2.74 m×1.525 m，桌台离地面的高度为 0.76 m，球网连柱的长度应为 1.83 m，球网顶端距台面 152.5 mm。

（2）设计要点

乒乓球桌面应为暗色且没有光泽；台面上空至少 4 m 内不得有障碍物；宜设置在避风或风小之处，布置方向以南北、西北或东南为宜。

5. 排球场（图6-34）

（1）尺寸

排球场标准场地尺寸为 9 m×18 m，男子网高为 2.43 m，女子网高为 2.24 m。

（2）设计要点

排球场四周至少有 3 m 宽的无障碍区，从地面起至少有 7 m 的无障碍空间。国际排联世界性比赛场地边线外的无障碍区至少为 5 m，端线外至少 8 m，比赛场地上空的无障碍空间至少 12.5 m 高。排球场地面一般采用黏土铺装，必须是浅色的；表面做统一平整处理，且能够排水，每米可有 5 mm 的坡度；室外场地一般要求长轴南北向。

6. 足球场（图6-35）

足球场宜为天然草皮地面，草地范围应超出边界线 1.5 m 以外；场地应有良好的排水和渗水性能，与场地长轴线成直角

图6-33　乒乓球场

图6-34　排球场

图6-35　足球场

方向的坡度不小于 0.3％；避免长轴与主导风向平行和正对太阳产生眩光，根据当地地理位置、风向和比赛时间等因素确定最佳方位，国际足联提出偏东或偏西不得超过 15°。

三、公共健身设施

公共健身设施（图6-36）是指在城市户外环境中安装固定的，人们通过娱乐

109

的方式进行体育活动，对身体素质能起到一定提高作用的器材和设施。随着全民健身运动的普及，健身器材在很多公共绿地、广场、公园、居住小区、屋顶平台等处均有设置，为人们休闲、锻炼、运动提供了条件，成为市民喜闻乐见的一种锻炼健身形式。

健身器械一般体量较小，不需要大面积用地，且用地形状也比较灵活；其设置地点一定要结合社区的具体条件，考虑居

民的锻炼要求，有针对性有选择地进行配置，以满足不同人群的需要，丰富社区生活。健身器械可作为小型广场的主题集中布置，也可以布置在广场绿化周边，还可以沿景观路线做线形布置。健身器械应选择在阳光充足、通风良好、绿化景观丰富的地方布置。健身器械的造型和色彩应该与整体环境结合起来考虑，同时还要考虑其休息、娱乐、导向、装饰等功能。

图 6-36　公共健身设施

儿童器械设计公式

小贴士

儿童游戏器械的设计与制作应与儿童的活动尺度相适应。儿童平均身高可按公式"年龄×5+750 mm"计算得出：1～3周岁幼儿为750～900 mm；4～6周岁学龄前儿童为950～1050 mm；7～14周岁学龄儿童为1100～1450 mm。

第四节

案例分析：东京迪士尼海洋

东京迪士尼海洋位于日本东京千叶县浦安市。它在 2001 年 9 月 4 日开幕，是世界上首个以大海的故事及传说为题材的迪士尼主题乐园。东京迪士尼海洋由充分发挥了想象力的七大主题海港所构成，并以古今各国有关大海的传说和故事为蓝本（图 6-37 ~ 图 6-43）。

地中海沿岸的渔村汇集着一间间风格独特的商店及餐厅；到了威尼斯，不可错过的是浪漫的贡多拉游船，重现大航海时代的要塞，更是充满文艺复兴时期的精华。

乐园内主要分成七个"主题海港"区域，在其中设置了与主题相符的设施、表演区和餐厅。与东京迪士尼乐园不同的是，东京迪士尼海洋内销售啤酒、葡萄酒等酒精性饮料，设定的顾客群也以大人为主。小鱼仙、阿拉丁等卡通人物也会在乐园中登场。

小美人鱼艾莉儿的"海底世界"多彩多姿、热闹非凡。海底居民特别为游客准备了多项趣味缤纷的游乐设施，一场由艾莉儿亲自演出的歌舞剧，让海底居民的笑容唤起人们的童心，在这老少咸宜的国度里尽情嬉戏，享受欢乐时光。

图 6-37 东京迪士尼海洋（一）

图 6-38 东京迪士尼海洋（二）

图 6-39 东京迪士尼海洋（三）

图 6-40 东京迪士尼海洋（四）

图 6-41　东京迪士尼海洋（五）

图 6-42　东京迪士尼海洋（六）

图 6-43　东京迪士尼海洋（七）

思考与练习

1. 信息类的景观设施在景观环境中有什么作用？环境标志包含哪些内容？

2. 游乐设施有哪些方式？儿童游乐设施又包含哪些？

3. 针对身边的一个特定环境，设计一套环境标志。

4. 参观一处主题公园，采用不同的造型方法，设计组合器械，对该设计主题构思、风格、材料加以说明。

5. 针对一个公共空间，设计满足儿童需求的儿童游乐设施。

参考文献
References

［1］　黄曦，何凡. 景观小品设计 [M]. 北京：水利水电出版社，2013.

［2］　王今琪. 室外家具小品 [M]. 北京：机械工业出版社，2012.

［3］　刘娜. 景观小品设计 [M]. 北京：水利水电出版社，2014.

［4］　吴婕. 城市景观小品设计 [M]. 北京：北京大学出版社，2013.

［5］　高迪国际出版有限公司. 城市景观小品 [M]. 大连：大连理工大学出版社，2012.

［6］　徐卓恒，陈元甫. 景观设计·环境小品 [M]. 杭州：浙江人民美术出版社，2010.

［7］　郝洛西. 城市照明设计 [M]. 沈阳：辽宁科学技术出版社，2005.

［8］　刘滨谊. 现代景观规划设计 [M]. 南京：东南大学出版社，1999.

［9］　熊运海. 园林植物造景 [M]. 北京：化学工业出版社，2009.

［10］　张楠. 细部设计系列·城市元素 [M]. 北京：化学工业出版社，2012.

［11］　梁俊. 景观小品设计 [M]. 北京：水利水电出版社，2007.

［12］　冯信群. 公共环境设施设计 [M]. 2 版. 上海：东华大学出版社，2010.